Bastian Aurand

Mechanismen der Laser-Teilchenbeschleunigung

Bastian Aurand

Mechanismen der Laser-Teilchenbeschleunigung

Untersuchungen zur Ionen-Beschleunigung aus ultra-dünnen Folien

Südwestdeutscher Verlag für Hochschulschriften

Impressum / Imprint

Bibliografische Information der Deutschen Nationalbibliothek: Die Deutsche Nationalbibliothek verzeichnet diese Publikation in der Deutschen Nationalbibliografie; detaillierte bibliografische Daten sind im Internet über http://dnb.d-nb.de abrufbar.

Alle in diesem Buch genannten Marken und Produktnamen unterliegen warenzeichen-, marken- oder patentrechtlichem Schutz bzw. sind Warenzeichen oder eingetragene Warenzeichen der jeweiligen Inhaber. Die Wiedergabe von Marken, Produktnamen, Gebrauchsnamen, Handelsnamen, Warenbezeichnungen u.s.w. in diesem Werk berechtigt auch ohne besondere Kennzeichnung nicht zu der Annahme, dass solche Namen im Sinne der Warenzeichen- und Markenschutzgesetzgebung als frei zu betrachten wären und daher von jedermann benutzt werden dürften.

Bibliographic information published by the Deutsche Nationalbibliothek: The Deutsche Nationalbibliothek lists this publication in the Deutsche Nationalbibliografie; detailed bibliographic data are available in the Internet at http://dnb.d-nb.de.

Any brand names and product names mentioned in this book are subject to trademark, brand or patent protection and are trademarks or registered trademarks of their respective holders. The use of brand names, product names, common names, trade names, product descriptions etc. even without a particular marking in this works is in no way to be construed to mean that such names may be regarded as unrestricted in respect of trademark and brand protection legislation and could thus be used by anyone.

Coverbild / Cover image: www.ingimage.com

Verlag / Publisher:
Südwestdeutscher Verlag für Hochschulschriften
ist ein Imprint der / is a trademark of
AV Akademikerverlag GmbH & Co. KG
Heinrich-Böcking-Str. 6-8, 66121 Saarbrücken, Deutschland / Germany
Email: info@svh-verlag.de

Herstellung: siehe letzte Seite /
Printed at: see last page
ISBN: 978-3-8381-3088-0

Zugl. / Approved by: Mainz, JGU, Diss., 2012

Copyright © 2012 AV Akademikerverlag GmbH & Co. KG
Alle Rechte vorbehalten. / All rights reserved. Saarbrücken 2012

Angefertigt am:

GSI Helmholtzzentrum für Schwerionenforschung GmbH
Planckstr. 1
64291 Darmstadt

Zusammenfassung

Auf dem Gebiet der Teilchenbeschleunigung mittels Hochintensitäts-Lasern wurden in der letzten Dekade viele erfolgreiche Entwicklungen hin zu immer höheren Energien und größeren Teilchenzahlen veröffentlicht. In den meisten Fällen wurde der sogenannte TNSA-Prozess (engl. Target-Normal-Sheath-Acceleration (TNSA)) untersucht. Bei diesem Prozess erfolgt die Beschleunigung in dem an der Oberfläche durch Ladungstrennung erzeugten Potential. Ein kaum vermeidbares Problem ist hierbei das resultierende breite Energie-Spektrum der beschleunigten Teilchen. Diese Situation konnte in den letzten Jahren zwar verbessert, aber nicht vollständig gelöst werden. Für Intensitäten größer $10^{20..21}$ W/cm^2 sagen theoretische Modellrechnungen eine auf dem Lichtdruck basierende Beschleunigung (engl. Radiation-Pressure-Acceleration (RPA)) mit deutlich eingegrenztem, fast monoenergetischem Spektrum voraus. Im Rahmen dieser Arbeit wurde ein Experiment zur Untersuchung dieses Prozesses bei Intensitäten von einigen 10^{19} W/cm^2 durchgeführt. Dazu wurden zunächst spezielle Targets entwickelt und als Patent angemeldet, welche den Experimentbedingungen angepasst sind. Durch die Auslegung des experimentellen Aufbaus und der Diagnostiken auf hohe Repetitionsraten, in Verbindung mit einem geeigneten Lasersystem, konnte auf Basis einer Statistik von mehreren Tausend Schüssen ein großer Parameterraum untersucht werden. Untersucht wurden unter anderem die Abhängigkeit von Targetmaterial und Dicke, Intensität, Laserpolarisation und Vorplasmabedingungen. Aus den gewonnenen Daten und Vergleichen mit 2-dimensionalen numerischen Simulationen konnte ein Modell des Beschleunigungsprozesses aufgestellt und durch Vergleich mit den experimentellen Ergebnissen geprüft werden. Dabei wurden klare Indizien für die Existenz eines neuen, nicht feldinduzierten, Beschleunigungsprozesses gefunden.
Darüber hinaus wurde zur Polarisationsbeeinflussung ein optisches System entwickelt, das ausschließlich mit reflexiven Elementen arbeitet. Damit konnten viele Nachteile bestehender, auf Verzögerungsplatten beruhender Elemente vermieden, und die Anwendbarkeit bei hohen Laserenergien erreicht werden.

Abstract

Within the last decade, many developments towards higher energies and particle numbers paved the way of particle acceleration performed by high intensity laser systems. Up to now, the process of a field-induced acceleration process (Target-Normal-Sheath-Acceleratio (TNSA)) is investigated the most. Acceleration occurs as a consequence of separation of charges on a surface potential. Here, the broad energy spectrum is a problem not yet overcome although many improvements were achieved. Calculations for intensities higher than $10^{20..21}$ W/cm^2 give hint that radiation-pressure-acceleration (RPA) may lead to a sharper, monoenergetic energy spectrum. Within the framework of this thesis, the investigation of the acceleration mechanism is studied experimentally in the intensity range of 10^{19} W/cm^2. Suitable targets were developed and applied for patent. A broad range of parameters was scanned by means of high repetition rates together with an adequate laser system to provide high statistics of several thousands of shots, and the dependence of target material, intensity, laser polarisation and pre-plasma-conditions was verified. Comparisons with 2-d numeric simulations lead to a model of the acceleration process which was analyzed by several diagnostic methods, giving clear evidence for a new, not field-induced acceleration process.

In addition, a system for a continuous variation of the polarization based on reflective optics was developed in order to overcome the disadvantages of retardation plates, and their practicability of high laser energies can be achieved.

Inhaltsverzeichnis

1. **Einleitung**   9
2. **Theorie**   13
   - 2.1. Wechselwirkung von Licht mit Materie 13
     - 2.1.1. Fundamentale Prozesse 13
     - 2.1.2. Ionisation 14
     - 2.1.3. Bewegung eines Elektrons im elektromagnetischen Feld 16
     - 2.1.4. Ponderomotorische Kraft 18
   - 2.2. Wechselwirkung im Plasma 18
     - 2.2.1. Optische Eigenschaften eines Plasmas 19
     - 2.2.2. Innere Prozesse und Energie-Absorption 20
   - 2.3. Wechselwirkung mit dem Target 23
   - 2.4. Laser-Teilchenbeschleunigung 24
     - 2.4.1. Target-Normalen-Beschleunigung 25
     - 2.4.2. Strahlungsdruck-Beschleunigung 28
     - 2.4.3. Gerichtete Coulomb-Explosion 32
     - 2.4.4. Thomson-Rückstreuung 33
     - 2.4.5. Ionen-Mischungs Targets 35
3. **Experimentelle Aufbauten**   37
   - 3.1. Das Lasersystem JETI 37
   - 3.2. Experimentaufbau 40
   - 3.3. Diagnostiken 44
     - 3.3.1. Thomson-Parabel 44
     - 3.3.2. Single-Hit CCD Kamera 44
     - 3.3.3. Optisches Spektrometer 45
   - 3.4. Plasmaspiegel und Kontrast 46
   - 3.5. Targets 47
     - 3.5.1. Folien aus diamantartigem Kohlenstoff 47
     - 3.5.2. Folien aus Polymer 49
     - 3.5.3. Aufbau der Targets 50
   - 3.6. Justage 53
     - 3.6.1. Bestimmung der Leistungsdichte 53
     - 3.6.2. Targeteinbau und Feinjustage 54
     - 3.6.3. Präzise Kontrastbestimmung 55
4. **Datennahme und Verarbeitung**   57
   - 4.1. Messablauf 57
   - 4.2. Bildauswertung 57

4.3. Untersuchung der Energiespektren	60
4.4. Polarisationsabhängige Effekte	64
4.5. Beeinflussung des Beschleunigungsprozesses	66
4.5.1. Thermisches Reinigen der Folien	66
4.5.2. Gezielte Vorpulse	67
4.6. Untersuchungen zum Rückstreu-Spektrum	70
4.7. Numerische Simulationen	73

5. Ergebnisse und Diskussion   **75**

5.1. Beschreibung des Beschleunigungsprozesses	75
5.1.1. Datenaufarbeitung	75
5.1.2. Vergleich mit Theorie	78
5.1.3. Beschleunigungsprozess	80
5.2. Polarisationsabhängige Prozesse	85
5.3. Stabilisierung des Beschleunigungsprozesses	89
5.4. Auswertung der Rückstreu-Spektren	93
5.5. Folgeexperimente	94

6. Zusammenfassung   **97**

A. Reflexive Polarisationskontrolle   **101**

B. Unterdrückung der Spontanen Laseremission am Lasersystem PHELIX   **109**

Literaturverzeichnis   **114**

1. Einleitung

Seit Alters her versucht der Mensch die Eigenschaften der Natur zu erforschen und zu beschreiben. Dabei nutzte er zunächst visuelle Eindrücke. Diese sind jedoch begrenzt durch das Auflösungsvermögen und durch den begrenzten spektralen Empfindlichkeitsbereich des Auges. Durch die Nutzung von einfacher abbildender Optik, wie Lesesteinen ab dem 10. Jahrhundert [1–3], konnte das Auflösungsvermögen erhöht werden. Immer weitere Entwicklungen, wie z.b. die Erfindung des Fernrohrs ermöglichten es entfernte Objekte zu beobachten, was u.a. in der Astronomie zu einem tieferen Verständnis führte. Nach der Beschreibung des heliozentrischen Weltbildes durch *Copernicus* [4, 5] gelang *Kepler* die Bestimmung der Gesetze der Planetenbewegung [6]. *Galilei* bestätigte diese und machte weitere Entdeckungen entfernter Objekte [7]. Auch konnten sehr kleine Objekte mit Hilfe vergrößernder Abbildungen sichtbar gemacht werden, was insbesondere im Rahmen der Biologie neue Möglichkeiten zum Studium von Flora und Fauna ergab. Dennoch liegt die typische Auflösungsgrenze (*Abbe* [8]) eines Mikroskops im sichtbaren Spektralbereich bei nur $0,2\,\mu m$.

1800/01 wurde entdeckt, dass das elektromagnetische Spektrum einen größeren Bereich umfasst, als den des sichtbaren Spektrums (IR: *Herschel* [9]; UV: *Ritter* [10]). Durch die Entwicklung komplexerer Messapparaturen, wie z.b. der Röntgenröhre [11] konnten diese Bereiche erschlossen werden, was eine Vielzahl neuer Beobachtungsmechanismen ermöglichte. Auf der Suche nach den Bausteinen der Materie konnten immer kleinere Strukturen beobachtet werden.

Neben der Nutzung von elektromagnetischen Wellen wurden zunehmend andere Streuobjekte, wie Elektronen (*J.J. Thomson* [12]) oder α-Strahler (*Becquerel* [13]) benutzt. Die Größenverhältnisse innerhalb eines Atoms konnte erstmals 1911 von *Rutherford* [14] bestimmt werden. Streuexperimente mit Elektronen wurden bald darauf von *G.P. Thomson* [15] durchgeführt.

Nach der Entdeckung des allgemeinen Welle-Teilchen-Dualismus 1924 durch *de Broglie* [16] wurde klar, dass die Substruktur von Atomen mit Elektronen und anderen geladenen Teilchen nur dann genauer untersucht werden kann, wenn die Streuobjekte höhere Energien haben, was einer kleineren Wellenlänge und somit einer höheren Auflösung dient. Spätestens die Entdeckung des Pions (*Powell* 1947) [17] verdeutlicht, dass eine genauere Untersuchung der Substruktur der Materie zu neuen Erkenntnisse in der Teilchenphysik führen würde. Um die Energie der Streuobjekte zu erhöhen wurden zunächst Elektronen, später aber auch schwerere Teilchen und Ionen gezielt in Gleichspannungsfeldern [18] beschleunigt. Aufgrund der hohen Feldstärken ist die maximale Beschleunigungspannung pro Strecke begrenzt. Das bis heute genutzte und weiterentwickelte Verfahren der Nutzung von Wechselfeldern [19], ermöglicht es höhere Teilchenenergien, z.B. durch Rezirkulation durch die gleiche Beschleunigungsstrecke zu erreichen, löst aber nicht das Problem der maximalen Feldstärke pro Strecke.

Nach der Erfindung des Lasers durch *Maiman* 1960 [20] und der Möglichkeit mit gepulsten Lasersystemen hohe elektrische Feldstärken zu erreichen, wurde 1979 erstmals von *Tajima* und *Dawson* [21] vorgeschlagen Elektronen mittels Lasern zu beschleunigen. Die indirekte Beschleunigung schwerer Teilchen durch die laserinduzierte Separation der Elektronen von den Ionenrümpfen einer Targetfolie und das dadurch entstehende elektrische Feld, gelang 2001 *Wilks et al.* [22]. Es konnten erstmals beschleunigte Protonen beobachtet werden. Der Vorteil der Nutzung von Lasern statt konventionellen Beschleunigern liegt in hohen Feldstärken, welche auf kleinsten Skalen erreicht werden und der damit verbundenen Verkleinerung und kostengünstigeren Gestaltung der Gerätschaften. Diese Arbeit beschäftigt sich mit den Mechanismen, der Laser-Teilchenbeschleunigung. Der von *Wilks et al.* beobachtete und mittlerweile ausführlich untersuchte und beschriebene Effekt hat den Nachteil, dass die Teilchenenergien einer exponentiellen Verteilung folgen. Das heißt, es werden zwar Teilchen beschleunigt, diese haben jedoch ein breites Energiespektrum bis hin zu einer Maximalenergie, was für Anwendungen unerwünscht ist. Neben vielen Versuchen, das Energiespektrum unter Beibehaltung des Beschleunigungseffektes zu beeinflussen, etwa durch die Verwendung mikrostrukturierter [23], flüssiger bzw. gasförmiger [24, 25] Targets, mehreren Beschleunigungsstufen [26, 27] oder der Verwendung von Laser-getriebenen Mikrolinsen [28] wurden auch neue Konzepte vorausgesagt. Die Lichtdruck induzierte Beschleunigung, bei der das Target anschaulich durch Impulsübertrag homogen beschleunigt wird, stellt dabei eines der vielversprechendsten Konzepte da. Experimentell wurde dieser Mechanismus bisher nur von wenigen Quellen beobachtet [29, 30] und im Hinblick auf die Abhängigkeit verschiedener Parameter bisher nicht untersucht.

Diese vorliegende Arbeit gliedert sich in mehrere Teile und erläutert den theoretischen Hintergrund, die Durchführung, sowie die Auswertung und Interpretation eines durchgeführten Experimentes zur Untersuchung der Lichtdruck-Beschleunigung am Lasersystem JETI. Dabei konnte der Effekt erstmalig im Rahmen einer hohen Statistik untersucht werden.
Zunächst wird in Kapitel 2 ein allgemeiner Einblick in die Wechselwirkung von Licht mit Materie gegeben, wobei ein besonderes Augenmerk auf die daraus resultierenden Effekte gelegt wird. Anhand dieser werden verschiedene Modelle der Laser-Teilchenbeschleunigung in Abhängigkeit der jeweiligen Parameter diskutiert. Im Anschluss daran wird neben der Wahl der Targetmaterialien ein kurzer Überblick zur Thomson-Streuung gegeben, welche als diagnostisches Werkzeug eine Rolle spielt.
In Kapitel 3 wird der experimentelle Aufbau, beginnend bei dem verwendet Lasersystem, über die Experimentaufbauten selbst, bis hin zu den verwendeten Diagnostiken beschrieben. Dabei wird auf die Herstellung und Charakterisierung der verwendeten speziellen Targetmaterialien und eine Beschreibung der Justageschritte sowie die Optimierung der verwendeten Parameter eingegangen.
Kapitel 4 behandelt die Datennahme der unterschiedlichen Messreihen, sowie die Beschreibung der gemessenen Effekte. Darüber hinaus wird auf die parallel zu den Experimenten durchgeführten Simulationen eingegangen.
Eine ausführliche Interpretation der Ergebnisse unter Berücksichtigung der Simulationen und bereits bekannter Ergebnisse ermöglicht in Kapitel 5 die Herleitung eines Modells, welches die Messergebnisse beschreibt. Ferner werden die Resultate der anderen Diagnostiken mit dem Modell verglichen, um einen Gesamtkontext zu bilden. Final werden aus

den bisherigen Ergebnissen Schlüsse für zukünftige Experimente gezogen.
In Kapitel 6 werden die Messergebnisse und das gefundene Modell zusammengefasst.
Die Anhänge A und B behandeln vorbereitende Maßnahmen welche getroffen wurden, um
das Experiment am PHELIX-Lasersystem zu wiederholen. Dies erlaubt Untersuchungen
in einem anderen Parameterraum. Darüber hinaus wird die Entwicklung und Spezifikation
einer reflexiven Methode mittels spezieller Spiegel zirkular polarisiertes Licht hoher Güte
zu erzeugen, beschrieben.

2. Theorie

In diesem Kapitel soll der theoretische Hintergrund der Laser-Teilchenbeschleunigung erläutert werden. Dazu wird zunächst ein allgemeiner Einstieg in die Wechselwirkung von Photonen mit Materie gegeben. Dabei werden die fundamentalen Kräfte der Wechselwirkung, die Abhängigkeit von der Intensität - zunächst zu verstehen als die Anzahl der für den Prozess zur Verfügung stehenden Photonen - sowie verschiedene Absorptions- und Resonanzphänomene erklärt.
Darauf aufbauend wird erläutert, wie im Falle der Laser-Teilchenbeschleunigung diese Wechselwirkung zur Erzeugung einer gerichteten Bewegung der Materie führen kann. Dabei wird unterschieden zwischen dem Effekt der Laser-Feld-Beschleunigung, dem Effekt der Lichtdruck-Beschleunigung und der gerichteten Coulomb-Explosion.
Daran anschließend wird die Auswirkung auf die Wahl der zu beschleunigenden Materie - also die Targetwahl -, sowie die Rückstreuung von Photonen am beschleunigten Target diskutiert, welche als Diagnostik im Experiment genutzt wird.

2.1. Wechselwirkung von Licht mit Materie

Dieser Abschnitt behandelt die Interaktion von Photonen mit Materie und klärt dabei beginnend von der Kopplung des Lichtes an die Materie über die resultierenden Effekte in Form von Ionisation und Plasmabildung die ablaufenden Prozesse. Diese werden im weiteren Teil der Arbeit nicht mehr explizit erwähnt, dienen aber dem Grundverständnis aller relevanten Prozesse.

2.1.1. Fundamentale Prozesse

Die Wechselwirkung von Licht, also Photonen, mit Materie (z.B. einem Atom), ist im Standardmodell der Elementarteilchenphysik als Wechselwirkung zwischen Bosonen und Nukleonen - dem Photon als Boson, mit Neutron und Proton als Fermionen - sowie als Wechselwirkung zwischen Bosonen und Leptonen, dem Photon und dem Elektron, zu verstehen. Formal muss an dieser Stelle zwischen den reellen Photonen des Lasers und den virtuellen Photonen als Austauschteilchen der elektromagnetischen Kraft unterschieden werden. Licht kann gemäß des Welle-Teilchen Dualismus als Welle und damit als elektromagnetisches Feld (*T. Young* 1802 [31]) oder als Teilchen (*A. Einstein* 1905 [32]) angenommen werden. Dabei ist die Energie E_γ eines Photons durch seine Frequenz ν oder Wellenlänge λ gegeben als [33]:

$$E_\gamma = h\nu = h\frac{c}{\lambda}. \qquad (2.1)$$

Die direkte Wechselwirkung eines Photons mit Proton und Neutron im Atomkern kann im Teilchenbild durch die Theorie der Vektor-Meson-Dominanz [34, 35] beschrieben werden, spielt aber eine untergeordnete Rolle. Ein Vergleich der starken Kraft, welche die

KAPITEL 2. THEORIE

Hadronen im Kern zusammenhält, mit der elektromagnetischen Kraft, welche durch das Photon induziert wird zeigt, dass diese in den vorliegenden Experimenten zu schwach ist, um einen signifikanten Einfluss auf den Kern zu haben [36]. Kernphotoeffekte und Photontransmutation [37] treten ab Energien von E_γ=2,225 MeV auf.
Die Wechselwirkung mit den Elektronen kann im Rahmen der Quantenelektrodynamik durch eine Interaktion eines Spinorfeldes als Beschreibung des Elektrons, mit einem Eichfeld als Beschreibung des Photons verstanden werden. Diese wiederum lässt sich in Abhängigkeit der Energie des Photons in mehrere Kanäle aufteilen:

- E_γ < 1 eV: Anregung

- 1 eV < E_γ < 100 keV: Photoeffekt [32]

- 50 keV < E_γ < 1,022 MeV: Compton-Effekt [38]

- 1,022 MeV < E_γ < 6 MeV: Paarbildung [39, 40]

Dabei sind die Kanäle nicht scharf abgegrenzt, sondern beschreiben den jeweils dominanten Effekt in diesen Energiebereichen.
Der für diese Arbeit relevante Kanal ist der Photoeffekt, im speziellen die Photoionisation[1], also Erzeugung ungebundener Elektronen, welche im Folgenden genauer beschrieben werden soll.

2.1.2. Ionisation

Bei der Absorption von Photonen durch ein gebundenes Elektron in einem Atom können unterschiedliche Prozesse stattfinden. Zunächst kann ein einzelnes Photon absorbiert werden. Entspricht die Energie dieses Photons genau der Energiedifferenz zum Erreichen einer höheren Schale, bleibt das Elektron gebunden, und das Atom geht in einen angeregten Zustand über. Ist die aufgenommene Energie größer als die Ionisationsenergie, kann das Elektron vom Atom gelöst werden. Der für das Experiment verwendete JETI-Laser wird bei einer Zentralwellenlänge von λ=790 nm betrieben, was einer Photon-Energie von E_γ=1,57 eV entspricht. Die nötige Ionisationsenergie, wie sie z.B. zur Ionisation von Wasserstoff nötig ist, liegen jedoch bei E_H=13,6 eV, die von Kohlenstoff zwischen $E_{C^{1+}}$=11,26 eV und $E_{C^{6+}}$=489,98 eV [43]. Dies kann nur durch die gleichzeitige Absorption mehrerer Photonen geschehen, dem Prozess der Multi-Photon Absorption [44]. Hierbei kann ein Elektron, welches sich nach der Absorption eines Photons auf einem virtuellen Zwischenniveau befindet, während der Lebensdauer des angeregten Zustands ($\sim 10^{-9}$ s) [45, 46] ein weiteres Photon absorbieren. Der entsprechende Wirkungsquerschnitt ist wegen der kurzen Zeitspanne jedoch so gering, dass dies erst mit der Erfindung des Lasers und damit der Möglichkeit Intensitäten von größer 10^{10} W/cm^2 zu erreichen, experimentell beobachtet werden konnte [47]. Werden mehr Photonen absorbiert, als zur Ionisation nötig, nimmt das Elektron zusätzliche kinetische Energie auf. Man spricht von Überionisation (engl. above threshold ionisation (ATI)).
Werden so viele Photonen absorbiert, dass die kinetische Energie des Elektrons in die Größenordnung des atomaren Potentials $E_{At} = e/(4\pi\epsilon_0 a_B^2) \approx 5{,}1 \cdot 10^{11}$ V/m kommt, steigt die

---

[1]Im Gegensatz zum Hallwachs-Effekt [41, 42] oder dem inneren photoelektrischen Effekt in Halbleitern.

14

2.1. WECHSELWIRKUNG VON LICHT MIT MATERIE

quantenmechanische Tunnelwahrscheinlichkeit der Elektronen und damit die Möglichkeit das atomare Potential zu verlassen, drastisch an. Dabei wird der Bohrsche Atomradius $a_B = 5{,}3 \cdot 10^{-11}$ m, die Dielektrizitätskonstante ϵ_0 und die Lichtgeschwindigkeit c angenommen. Die Tunnelionisation (engl.: over the barrier ionisation (OTBI)) erfolgt ab $I_{At} = 1/2 E_{At}^2 c \epsilon_0 \approx 3{,}5 \cdot 10^{16}$ W/cm^2.

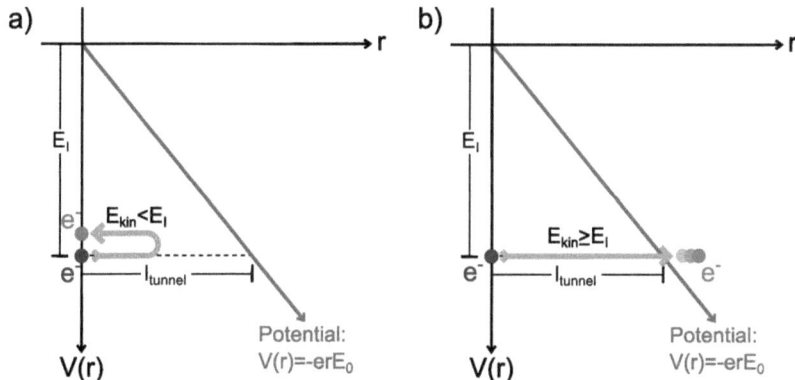

Abbildung 2.1.: *Ein Elektron im Coulomb-Feld eines Atoms. Das Elektron kann das Potential durchtunneln, wenn die durch das externe Feld induzierte kinetische Energie größer ist, als das attraktive Potential des Atoms.*

Parallel zur Betrachtung im Teilchenbild, kann eine Betrachtung im Wellenbild erfolgen, in der statt mit einzelnen quantisierten Photonen zu argumentieren, Felder angenommen werden, mit welchen das Elektron wechselwirkt. Um die Art des Ionisationsprozesses in einem Laserfeld abzuschätzen, dient der frequenzabhängige Keldysh-Parameter [48]:

$$\gamma_K = 4\pi\nu_L t_{tunnel} = \sqrt{\frac{m_e E_I \epsilon_0 c \pi^2 \nu_L^2}{e^2 I}} \quad \text{mit}: \quad t_{tunnel} = \frac{l_{tunnel}}{v} = \frac{\sqrt{m_e E_I \epsilon_0} c}{2e\sqrt{I}}. \tag{2.2}$$

Hierbei wird die benötigte Zeit für die Durchtunnelung des Potentialwalls t_{tunnel} mit der Schwingungsfrequenz des Lasers ν_L verglichen (Abb. 2.1). E_I ist das Potential. Man erhält:

$$\gamma_K = \frac{3 \cdot 10^9}{c^4} \sqrt{\frac{E_I \nu_L^2}{I_L}}. \tag{2.3}$$

Ist $\gamma_K < 1$, also die Tunnelzeit kürzer als die halbe Feldperiode, kann ein Elektron das Potential verlassen. Es kommt zur Tunnelionisation. Ist $\gamma_K > 1$, so kann Ionisation nur durch Multi-Photon-Absorption stattfinden. Genauere Modelle lassen sich über numerische Simulationen herleiten [49–51].

Aufbauend auf der Ionisation des einzelnen Atoms kann der makroskopische Zustand vieler Atome, also die Ausbildung eines Plasmas betrachtet werden. Dieses kann in einer einfachen Form als ein Fluidmodell [52, 53] zweier Teilchensorten, den Elektronen und den Ionen, angenommen werden, die mit dem elektromagnetischen Feld und untereinder wechselwirken. Um die relevante Wechselwirkung mit dem Feld zu verstehen, soll die Bewegungsgleichung eines einzelnen Elektrons hergeleitet werden.

2.1.3. Bewegung eines Elektrons im elektromagnetischen Feld

Das durch Ionisation freie Elektron kann nun weiter mit dem elektrischen Feld wechselwirken. Vor der Betrachtung des Beschleunigungsprozesses eines makroskopischen Körpers soll zunächst die Wechselwirkung und resultierende Bewegung anhand des Modells eines einzelnen Teilchens im Feld beschrieben werden. Dabei wird gezeigt, dass die Bewegungsgleichung eines Elektrons im elektromagnetischen Feld und die daraus resultierende gerichtete Bewegung zu einer Separation zwischen Elektronen und Ionen führt. Diese bildet die Grundvoraussetzung für die Laser-Teilchenbeschleunigung im resultierenden Feld der separierten Ladungen. Die Bewegung folgt aus der relativistischen Lorentz-Gleichung [54]:

$$\frac{d\vec{p}}{dt} = \frac{d(\gamma m_e \vec{v})}{dt} = -e\left(\vec{E} + \frac{1}{c}\vec{v} \times \vec{B}\right). \tag{2.4}$$

Hierbei ist $\gamma = 1/\sqrt{1-\beta^2}$ mit $\beta = v/c$ der relativistische Lorentzfaktor [54]. Das elektrische und magnetische Vektorfeld $\vec{E}$ und $\vec{B}$ eines beliebigen Vektorpotentials $\vec{A}$ lässt sich mittels der Maxwell-Gleichungen [54, 55] herleiten als:

$$\vec{E} = -\frac{\partial}{\partial t}\vec{A} \tag{2.5}$$

$$\vec{B} = \vec{\nabla} \times \vec{A}. \tag{2.6}$$

Dabei erfüllt $\vec{A}$ die Feldgleichung:

$$\nabla \vec{A} = \frac{1}{b^2}\frac{\partial^2 \vec{A}}{\partial t^2} \tag{2.7}$$

mit einem Normierungsfaktor b. Gegeben sei das Vektorpotential einer ebenen Welle, die sich in z-Richtung ausbreitet. Dies wird beschrieben als:

$$\vec{A} = \begin{pmatrix} A_0 \kappa \cos(2\pi\nu_L t - kz) \\ A_0 \sqrt{1-\kappa^2} \sin(2\pi\nu_L t - kz) \\ 0 \end{pmatrix} \tag{2.8}$$

mit der Wellenzahl k. Die Polarisation der Welle kann über den Parameter $\kappa \in [-1; 1]$ variiert werden. Für $\kappa = [-1, 0, 1]$ ist die Welle linear polarisiert, für $\kappa = \pm 1/\sqrt{2}$ zirkular polarisiert. Aus 2.5 folgen für das elektrische Feld die beiden Grenzfälle:

$$\vec{E}_{\text{lin}} = 2\pi\nu_L E_0 \sin(2\pi\nu_L t - kz)\vec{e}_x \tag{2.9}$$

$$\vec{E}_{\text{zirk}} = \frac{2\pi\nu_L E_0}{\sqrt{2}}\left(\sin(2\pi\nu_L t - kz)\vec{e}_x - \cos(2\pi\nu_L t - kz)\vec{e}_y\right). \tag{2.10}$$

2.1. WECHSELWIRKUNG VON LICHT MIT MATERIE

Der Zusammenhang zur skalaren Intensität I, als zeitliches Mittel der Energieflussdichte $\vec{S}$ [56] ist dabei:

$$I = \overline{|\vec{S}|} = \frac{1}{2}\epsilon_0 c E_0^2. \tag{2.11}$$

In der Bewegungsgleichung 2.4 kann für den nichtrelativistischen Fall, mit $\beta \ll 1$, $\gamma \approx 1$, also kleine Geschwindigkeiten des Elektrons, die magnetische Wechselwirkung vernachlässigt werden. Aus der Laserfrequenz kann damit die mittlere Geschwindigkeit eines Elektrons zu $v_0 = eE_0/2\pi m_e \nu_L$ berechnet werden. Diese dient zur Bestimmung des normierten Vektorpotentials:

$$a_0 = \frac{v_0}{c} = \frac{eE_0}{2cm_e\pi\nu_L}. \tag{2.12}$$

Mit 2.11 und $c = \nu\lambda$ folgt:

$$a_0 = \sqrt{\frac{e^2\lambda^2 I}{2\pi^2 m_e^2 \epsilon_0 c^5}} \approx 8,6 \cdot 10^{-10}\sqrt{I} \cdot \lambda' \quad I : \left[\frac{W}{cm^2}\right]; \; \lambda' : [\mu m]. \tag{2.13}$$

Die allgemeine Lösung unter Berücksichtigung der magnetischen Wechselwirkung von 2.4 für $\vec{A}$ (2.8) erhält man durch Einsetzen der Relationen 2.6 und 2.7. Der Bahnvektor $\vec{R}$ folgt durch abschließende Integration [57] zu:

$$\vec{R} = \begin{pmatrix} \frac{\kappa a_0 c}{2\pi\nu_L} \sin(2\pi\nu_L t - kz) \\ \frac{-\sqrt{1-\kappa^2}a_0 c}{2\pi\nu_L} \cos(2\pi\nu_L t - kz) \\ \frac{a_0^2 c}{8\pi\nu_L}\left(2\pi\nu_L t - kz + \frac{2\kappa^2-1}{2}\sin(4\pi\nu_L t - 2kz)\right) \end{pmatrix}. \tag{2.14}$$

Aus obiger Gleichung lassen sich drei grundlegende Schlüsse für die später betrachteten Beschleunigungsprozesse ziehen.

1. Die longitudinale Bewegung (z-Achse) hängt von a_0^2 ab, wohingegen die transversalen Komponenten nur von a_0 abhängen.

2. Das Elektron gewinnt im Mittel keine Energie, sondern vollführt während der Wechselwirkung eine Driftbewegung in longitudinaler Richtung.

3. Für $\kappa = [-1, 0, 1]$ oszilliert das Elektron im alternierenden Laserfeld. Für $\kappa = \pm 1/\sqrt{2}$ beschreibt es eine geschlossene gleichförmige Bahn.

Die longitudinale Komponente in z-Richtung tritt dabei rein durch die magnetische Feldkomponente $e\left(\vec{v} \times \left(\nabla \times \vec{A}\right)\right)$, also die Wechselwirkung mit dem magnetischen Feld auf. Die Driftgeschwindigkeit v_D lässt sich aus der zeitlichen Mittelung der Longitudinalkomponente berechnen zu:

$$v_D = \frac{dz}{dt} \approx \frac{\overline{z}}{t} = \frac{a_0^2}{4 + a_0^2}. \tag{2.15}$$

Die vorangehende Betrachtung zeigt, dass das Elektron bei der Wechselwirkung mit einer homogene Welle keine Energie gewinnen kann. Bei der Wechselwirkung mit einem realen

Laserpuls finiter Dauer und geometrischer Grenzen tritt jedoch eine weitere Kraft auf, die im Folgenden beschrieben wird.

2.1.4. Ponderomotorische Kraft

Die eigentliche Kraft, welche zu einer Netto-Bewegung der Elektronen führt, ist die ponderomotorische Kraft. Diese wirkt entlang des Gradienten eines Vektorfeldes. Sie ergibt sich aus der Taylorentwicklung von $\vec{A}(r)$ an einer Stelle r, der Form:

$$\vec{A}(r) = \vec{A}(r_0) + r_1 \left(\nabla \vec{A}(r_0)\right) + \ldots \quad . \tag{2.16}$$

Für ein Elektron im elektrischen Feld folgt durch Einsetzen der zweiten Ordnung von 2.16 in 2.4:

$$\vec{F}_\text{Pond} = \frac{d\vec{v}_2}{\partial t}m_\text{e} = \frac{d\vec{p}_2}{\partial t} = -\frac{e^2}{16\pi^2 m_\text{e} \nu_\text{L}^2 \overline{\gamma}} \nabla \left(\frac{\partial \vec{A}(r)}{\partial t}\right)^2 = -\frac{e^2}{16\pi^2 m_\text{e} \nu_\text{L}^2 \overline{\gamma}} \nabla \vec{E}(r)^2. \tag{2.17}$$

$\overline{\gamma} = \sqrt{1 + a_0/2}$ beschreibt die mittlere relativistische Massenzunahme des oszillierenden Elektrons [58]. Analoge Herleitungen für 2.17 lassen sich auch über den Lagrange-Formalismus [59] oder eine kovariante Betrachtung [60] machen.
Die ponderomorische Kraft wirkt entlang des negativen Gradienten, bewegt das Elektron also weg vom Bereich der hohen Feldstärke bzw. Intensität.
Nachdem die Wechselwirkung und Bewegungsgleichung eines einzelnen Elektrons hergeleitet wurde, soll dieses Bild ausgeweitet werden und die Interaktion eines Plasmas mit einem elektromagnetischen Feld betrachtet werden, wie es während der Laserwechselwirkung entsteht.

2.2. Wechselwirkung im Plasma

Elementar gesehen ist ein Plasma ein Gemisch aus unterschiedlich ionisierten Atomen, das heißt es besteht aus freien Elektronen und den Atomrümpfen (Ionen) welches auf makroskopischen Skalen ladungsneutral ist. Diese Mischung lässt sich mit verschiedenen Modellen beschreiben. Die beiden Grundmodelle sind:

- Kinetische Beschreibung:
  Im kinetischen Modell wird die Verteilungsfunktion $f(\vec{x}, \vec{v}, t)$ durch das Lösen der Boltzmann-Verteilung aufgestellt. Dies kann im Rahmen der Vlasov-Gleichung (Kolmogorov-Gleichung) [61,62] unter Berücksichtigung der elektromagnetischen Felder, oder durch die Fokker-Planck-Gleichung [63] unter Berücksichtigung von Wechselwirkungstermen geschehen. Hierbei wird jedes einzelne Teilchen betrachtet.

- Magnethydrodynamische Beschreibung:
  Im magnetohydrodynamischen Modell werden Boltzmann- bzw. Vlasov-Gleichung durch globale Eigenschaften, wie Dichte, mittlere Geschwindigkeit und mittlere Energie gelöst. Diese Vereinfachung führt jedoch zu einem nicht in sich geschlossenen System, so dass weitere Faktoren berücksichtigt werden müssen.

2.2. WECHSELWIRKUNG IM PLASMA

Wechselwirkungen und Eigenschaften können numerisch simuliert werden. Dabei werden häufig Modelle aus einer Mischung von kinetischer und magnethydrodynamischer Beschreibung betrachtet und durch *Particle in Cell* (PIC) [64, 65] oder Monte-Carlo Simulationen [66–68] gelöst.

2.2.1. Optische Eigenschaften eines Plasmas

Die optischen Eigenschaften eines Körpers bzw. des entstehenden Plasmas haben einen großen Einfluss auf das Wechselwirkungsverhalten mit dem elektrischen Feld bzw. konkreter mit einem Laser. Die hier vorgestellten Parameter dienen der Charakterisierung der Wechselwirkung und erlauben eine Abschätzung über die zu erwartenden Resultate. Die Opazität entscheidet z.B. darüber, ob der Laser in den Körper eindringen kann und dort Energie deponiert. Als wichtige Größe wird hier die Plasmafrequenz ν_P des Körpers benutzt. Sie folgt aus dem zweiten Newtonschen Axiom. Betrachtet man die Elektronen als eine kollektive Ansammlung, welche aus der Ruheposition um die starren Ionenrümpfe ausgelenkt und sich selbst überlassen wird, so beginnt diese Ansammlung eine Oszillatorschwingung um die Ruheposition. Die maximal mögliche Frequenz ist dabei gegeben als:

$$\nu_P = \frac{1}{2\pi}\sqrt{\frac{n_e e^2}{\epsilon_0 \overline{\gamma} m_e}} \tag{2.18}$$

mit n_e der Elektronendichte. Durch Umstellen von 2.18 folgt daraus die kritische Dichte der Elektronen:

$$n_{\text{Cr}} = \frac{4\pi^2 \overline{\gamma} \epsilon_0 m_e \nu_L^2}{e^2} \approx \frac{1,1 \cdot 10^{21} \cdot \overline{\gamma}}{\lambda'^2} \qquad \lambda' : [\mu m] \,. \tag{2.19}$$

Die Ausbreitung eines elektrischen Feldes in Form einer ebenen Welle, in diesem Falle mit der Laserfrequenz ν_L in einem Plasma oder Festkörper ist gegeben durch

$$E(z,t) = E_0 e^{ikz - 2\pi i \nu_L t}. \tag{2.20}$$

Für ein nichtmagnetisches Plasma folgt aus der Dispersionsrelation $k^2 c^2/(4\pi^2) = \nu_L^2 - \nu_P^2$ im Falle $\nu_L < \nu_P$, dass $k^2 < 0$ ist. Somit ist $k \equiv i\alpha$ komplex. Eingesetzt in 2.20 ergibt sich ein reeller Dämpfungsterm für das elektrische Feld. Im Falle von $\nu_L > \nu_P$ ist k reell, und der Dämpfungsterm imaginär.
Im Bild des Oszillators folgt damit: Ist die Laserfrequenz $\nu_L > \nu_P$, so können die Elektronen der Feldschwingung nicht mehr folgen, das Feld sich also nicht mehr ausbreiten. Für $\nu_L < \nu_P$ ist die Ausbreitung des Feldes bei einer entsprechenden Dämpfung möglich, der Körper ist transparent. Für den Brechungsindex $n_K = n_R + i n_I$ des Körpers folgt mit der Definition der Phasengeschwindigkeit $v_{\text{Ph}} = 2\pi\nu(k)/k$:

$$n_K(\nu_L) = \frac{c}{v_{\text{Ph}}} = \sqrt{1 - \frac{\nu_P^2}{\nu_L^2}} = \sqrt{1 - \frac{n_e}{n_{\text{Cr}}}}, \tag{2.21}$$

wobei der Brechungsindex für ein überkritisches Target, also $\nu_P > \nu_L$ imaginär ist. Analog zur Optik [8] bzw. zur Hochfrequenztechnik [69, 70] kommt es bei der Ausbreitung der elektromagnetischen Welle an der Übergangsschicht zwischen Vakuum und Körper zu einer Impedanzanpassung, welche mit einer Reflexion einhergeht. Für den Fall des

KAPITEL 2. THEORIE

senkrechten Einfalls aus dem Vakuum ergibt sich das Reflexionsvermögen zu [8]:

$$R = \left(\frac{1-n_K}{1+n_K}\right)^2 = \frac{(1-n_I)^2 + n_I^2}{(1+n_I)^2 + n_I^2}. \tag{2.22}$$

Im Experiment werden für die Beschleunigung zwei unterschiedliche Arten von Materialien verwendet. Kohlenstoff- und Kunststoff-Folie. Tabelle 2.1 gibt einen Überblick der optischen Parameter dieser beiden Stoffe. Eine detaillierte Beschreibung erfolgt in Kapitel 3.5.

Tabelle 2.1.: *Optische Parameter der im Experiment verwendeten Folien für einen Ti:Sa-Laser mit* λ=790 nm *und* $a_0 = 5{,}3$, *entspricht einer Intensität von* $6 \cdot 10^{19}$ W/cm^2.

Parameter	Kohlenstoff-Folie (10% sp^3)	Parylen-Folie
Elektronendichte $[cm^{-3}]^2$	$7{,}2 \cdot 10^{23}$	$4{,}1 \cdot 10^{23}$
Plasmafrequenz [Hz]	$2{,}8 \cdot 10^{16}$	$9{,}8 \cdot 10^{15}$
Brechungsindex	2,39+0,73i [71]	1,559 [72]
Reflexionsvermögen [%]	20,4	5,4

2.2.2. Innere Prozesse und Energie-Absorption

Während im vorangegangenen Abschnitt die optischen äußeren Eigenschaften des Plasmas betrachtet wurden, sollen nun Prozesse im Inneren betrachtet werden. Aus der klassischen Beschreibung nach Gleichung 2.22 folgt, dass ein Teil der Energie vom Körper absorbiert wird. Dabei treten mehrere Prozesse, wie Resonanzabsorption, Teilchenkollisionen und eine Heizung des Plasmas auf.

Helmholtz-Gleichung

Die Ausbreitung einer elektromagnetischen Welle in einem inhomogenen Plasma konnte bereits in den 1960er Jahren durch die Helmholtz-Gleichung beschrieben werden [53,73]. Durch das Erreichen immer höherer Laserintensitäten traten jedoch Abweichungen auf, die in den darauf folgenden Jahren analysiert und in die heute gängigen Plasmamodelle mit eingebracht wurden.

Plasma Ausdehnung

Alle im Folgenden genannten Aspekte führen zu einem Energieeintrag in das Plasma, der wiederum dazu führt, dass dieses sich ausdehnt. Eine Abschätzung für den Ausdehnungkoeffizienten L folgt aus der Annahme, dass die Expansion eines Körpers mit überkritischer

---
[2]Berechnet mithilfe der Dichte und der molaren Masse für vollständige Ionisation.

2.2. WECHSELWIRKUNG IM PLASMA

Elektronendichte und der Ionenmasse m_I mit Schallgeschwindigkeit c_S erfolgt und mindestens für die Pulsdauer des Lasers τ_L anhält. Es gilt:

$$c_S = \sqrt{Zk_BT_e/m_I} \approx 0{,}31 \cdot 10^6 \sqrt{k_BT_e\frac{Z}{A}} \qquad c_S : \left[\frac{m}{s}\right] ; \; k_BT : [keV]. \qquad (2.23)$$

Dabei ist Z die Ladungszahl und A die Massenzahl des Ions, T_e die Temperatur der Elektronen und k_B die Boltzmann Konstante. Es gilt der Zusammenhang:

$$E_e = k_BT_e. \qquad (2.24)$$

Final berechnet sich die Ausdehnung des Plasmas $L = c_S\tau_L$ zu:

$$L \simeq 0{,}31\sqrt{E_e\frac{Z}{A}}\tau_L \qquad L : [\text{nm}] ; \; \tau_L : [\text{fs}]. \qquad (2.25)$$

Für den im Experiment verwendeten Laser mit einer Pulsdauer von $\tau_L=27\,$fs bei Kohlenstoff ($Z=6$; $A=12$) und einer Aufheizung der Elektronen auf 100 eV bzw. 1 MeV errechnet sich die Plasmaausdehnung während der Laserwechselwirkung unter Vernachlässigung von Vorpulsen zu $L_{100\,\text{eV}}=1{,}9\,$nm bzw $L_{1\,\text{MeV}}=189\,$nm.

Absorptionseffekte

Im Folgenden wird genauer auf die Absorptionsmechanismen von Energie im Plasma eingegangen. Der Wirkmechanismus dieser Effekte in Abhängigkeit der Polarisation erlaubt die gezielte Nutzung bzw. Verhinderung der Deposition von Energie, wie er für die nachfolgend beschriebenen Beschleunigungsprozesse relevant ist.

Inverse Bremsstrahlung

Absorbiert ein Elektron im Plasma ein Photon, so wird die Bewegungsgleichung weiterhin durch die Lorentz-Gleichung beschrieben, jedoch um einen zusätzlichen Dämpfungsterm ergänzt, der die Stöße mit anderen Elektronen und Ionen beschreibt. Dabei spielt die Stoßfrequenz zwischen Elektronen und Ionen, ν_{eI} eine entscheidende Rolle, da hierüber das Plasma als ganzes geheizt wird [57,74]:

$$\nu_{eI} = \frac{\sqrt{32\pi}}{3}\frac{n_eZe^4}{m_e^2v_{th}^3}\ln\Lambda \simeq 2{,}91\cdot 10^{-6} Zn_e \sqrt[3]{T_e^2}\ln\Lambda. \qquad (2.26)$$

Dabei beschreibt $\ln\Lambda$ den Coulomb-Logarithmus, welcher das Streuverhalten wiedergibt und gegeben ist als:

$$\Lambda = \lambda_D\cdot\frac{k_BT_e}{Ze^2} = \frac{9N_D}{Z} \qquad (2.27)$$

mit der Debye-Länge λ_D, welche die Länge angibt, auf der das Plasma durch Abschirmung neutral ist, bzw. der Ladungsüberschuss auf $1/e$ abgefallen ist. $N_D = 4\pi\lambda_D^3 n_e/3$ ist die mittlere Teilchenzahl innerhalb einer Kugel mit dem Radius einer Debye-Länge:

$$\lambda_D = \sqrt{\frac{k_B T_e}{4\pi n_e e^2}}. \qquad (2.28)$$

Aus dem Vergleich von $\tau_{el} = \nu_{el}^{-1}$ mit der Pulsdauer des Lasers τ_L lässt sich eine qualitative Aussage über den Prozess treffen. Ist τ_{el} größer als die Laserpulslänge, spielt dieser Prozess eine untergeordnete Rolle. Mit $\tau_L = 27$ fs und einer Spitzenintensität von $I_L = 6 \cdot 10^{19}$ W/cm^2 (vgl. Kapitel 3.1) folgt, dass der Beitrag der inversen Bremsstrahlung nicht dominant ist.

Resonanz-Absorption
Trifft ein parallel zur Targetoberfläche polarisierter Laserstrahl unter einem Einfallswinkel Θ auf die Oberfläche, so hat er eine Feldkomponente, welche sich in das Target hinein ausbreitet. Während der parallel zur Oberfläche schwingende Anteil des Feldes bei einer Dichte $n_{Cr,p} = n_{Cr} \cdot cos^2\Theta$ reflektiert wird, die niedriger als die kritische Plasmadichte ist, kann die in das Target gerichtete Komponente bis zur kritischen Plasmadichte eindringen. Diese Komponente kann eine longitudinale Schwingung der Elektronen in diesem Zwischenbereich anregen. Ist das elektrische Feld stark genug, kann es Elektronen resonant anregen und in das Target hinein beschleunigen, ein Prozess der Energie absorbiert. Verhindert werden kann dies durch das Unterdrücken einer parallelen Feldkomponente, also den Einbau des Targets in einer Normalen zum Laser ($\Theta = 0°$).

Vakuum-Heizung
Vakuum-Heizung, oder auch Brunel-Absorption [75] ist ein Sonderfall der Resonanz-Absorption. Ein Elektron in der Übergangsregion zwischen Plasma und Vakuum, befindet sich in einem Gebiet, in dem die Elektronendichte n_e einen starken Gradienten hat. Wird das Elektron in einer, senkrecht zur Oberfläche, schwingenden Halbwelle des Laserpulses in Richtung Vakuum und zurück ins Plasma beschleunigt, so kann das Feld, in Folge der in dieser Richtung ansteigenden Dichte abgeschirmt werden und das Elektron netto Energie gewinnen. Eine Abschätzung erfolgt unter Benutzung des Ausdehnungskoeffizienten L (Gl. 2.25). Wenn die Schwingungsamplitude x_P länger als L ist, also das Elektron aus dem Plasma austreten kann, tritt Vakuumheizung auf:

$$x_P = \frac{eE_L}{4\pi^2 m_e \nu_L^2} > L. \qquad (2.29)$$

Dabei liegt die Absorptionsrate für diesen Prozess bei maximal bei $\eta_{Vakuum} = 10\text{-}15\%$ [57, 76]. Da die Schwingung der Elektronen auch hier in einer Normalen zum Laser stattfindet, lässt sich durch den Einbau des Targets senkrecht zum Laser und damit dem Unterdrücken der entsprechenden Feldkomponente dieser Effekt verhindern.

Relativistische $\vec{v} \times \vec{B}$ Heizung
Als letzter Effekt soll die relativistische Heizung betrachtet werden. Dieser zur Vakuum-Heizung sehr ähnliche Effekt, geht auf den in der Lorentz-Gleichung vorhandenen Term $\vec{v} \times \vec{B}$ zurück. Erreicht das Elektron relativistische Geschwindigkeiten $v_e \approx c$, ($a_0 > 1$) so tritt eine Oszillation longitudinal zum Laserfeld auf, deren Frequenz $2\nu_L$ ist. Findet

2.3. WECHSELWIRKUNG MIT DEM TARGET

diese Oszillation im Bereich eines starken Gradienten von n_e statt, so kann das Elektron auch hier netto Energie gewinnen. Im Gegensatz zu den vorangegangenen Effekten tritt dieser am stärksten auf, wenn das Target in einer Normalen zum Laser steht. Hier kann eine Unterdrückung nicht durch eine Ausrichtung des Targets und die damit verbundene Schwingung der Elektronen in eine nicht zur Heizung beitragende Richtung, gelöst werden, sondern nur durch eine Unterdrückung der Schwingung selbst. Aus Gleichung 2.14 folgt, dass die Elektronen für zirkular polarisiertes Licht eine Kreisbahn statt einer Oszillation beschreiben, was somit einen Netto-Energiegewinn verhindert. Maximale Absorptionsraten bei Auftreten des Effektes liegen im Bereich von $\eta_{v \times B}$=10-15% [77].

Zusammenfassend folgt, dass eine Unterdrückung des direkten Energieeintrags in Form der verschiedenen Plasmaheizungseffekte am wirkungsvollsten für eine Kombination aus der Lasereinstrahlung senkrecht zur Targetoberfläche und der Verwendung von zirkular polarisiertem Licht erfolgt. Dies wurde in den vorliegenden Experimenten umgesetzt. Es soll verhindert werden, dass die Elektronen neben der gewünschten und in Abschnitt 2.4.2 beschriebenen Lichtdruck-Wechselwirkung Energie durch sonstige Effekte aufnehmen.

2.3. Wechselwirkung mit dem Target

Die im vorherigen Abschnitt beschriebenen Effekte führen abhängig von Polarisation und Einfallswinkel mehr oder weniger zu einer Heizung der Elektronen. Betrachtet man ein Target mit einer Dicke d, das mit einem Laserpuls wechselwirkt, so lassen sich zunächst eine Vorder- und eine Rückseite definieren. Im Folgenden beschreibt die Seite, auf die der Laserstrahl trifft, die Rückseite.
Es ist ersichtlich, dass die Interaktion des Lasers zuerst an dieser Stelle stattfindet und sich dann durch das Target fortsetzt. Das einfachste thermodynamische Modell zur Beschreibung der Wechselwirkung mit Kurzpuls-Lasern im fs-Bereich ist das Volumen-Heizung Modell [57]. In diesem wird angenommen, das der absorbierte Anteil der Laserenergie in einem Volumen entsprechend der Fokusgröße und Eindringtiefe instantan deponiert wird. Das Modell startet also mit einem Target, welches zu Beginn lokal in einem sehr hochenergetischen Zustand ist. Es wird die Entwicklung des Systems, auf Grundlage hydrodynamischer Beschreibungen betrachtet, also der Wechselwirkung und Umverteilung der in diesem Gebiet angeregten Teilchen mit dem Rest des Targets.
Im Rahmen dieser Arbeit ist die Beschreibung des Elektronenflusses Φ_e welcher durch das Laserfeld induziert wird interessant:

$$\Phi_e = v_e n_e. \qquad (2.30)$$

Hierbei ist $v_e = \sqrt{k_B T/m_e}$ die mittlere Geschwindigkeit der Elektronen. Es folgt die Stromdichte $j_e = e\Phi_e$. Zur Abschätzung des entstehenden Stromes I wird angenommen, dass die Elektronen nur während der Interaktion mit dem Laserpuls innerhalb des Targets bewegt werden. Nach [57] folgt:

$$I = \frac{\eta U_L}{T_e k_B \tau_L} \qquad (2.31)$$

mit der Absorptionseffizienz η, der Elektronen-Temperatur T_e und der Laserenergie U_L. Im Intensitätsbereich von $6 \cdot 10^{19}$ W/cm^2 treten Elektrontemperaturen von bis zu $T_e \approx$ 2 MeV auf (theo.: [78]; exp.: [79, 80]), wobei der Anteil der heißen Elektronen mit dieser Energie bei nur etwa 1% liegt. Dennoch kann damit eine obere Grenze abgeschätzt werden. Bei einer Pulsdauer von τ_L=27 fs, einer angenommenen Effizienz von $\eta = 20\%$ und einer Energie von U_L=0,3 J werden Ströme von bis zu I=1,1· 10^6 A erreicht. Durch Integration entlang einer Fläche lässt sich daraus das Magnetfeld B berechnen zu [54, 57]:

$$B \approx 20 \frac{I}{r_L}. \quad (2.32)$$

Bei einem angenommenen Fokusradius r_L=2 μm wird ein Magnetfeld von B=1,1·10^9 T erreicht. Diese Werte liegen deutlich oberhalb des Alfvèn Limits [81], so dass eine Propagation der Elektronen außerhalb eines Mediums in Folge der Selbstinduktion nicht möglich wäre. Im Plasma hingegen gibt es ausreichend freie Elektronen in den Gebieten um den Stromfluss herum, welche den Rückstrom kompensieren. Dabei sind die errechneten Werte nur eine Abschätzung, da hier eine freie Propagation der Elektronen angenommen wurde und keinerlei Effekte wie Streuung oder Coulomb-Abstoßung berücksichtigt wurden.
Auf diese Weise können die auf der Rückseite des Targets beschleunigten Elektronen durch das Target propagieren [82–84]. Parallel kommt es zur Erzeugung einer Schockwelle, welche sich ausbreitet. Die von der Rückseite des Targets verdrängten Elektronen durchlaufen das Target und führen somit zu einer lokal wandernden Zone höherer Elektronendichte n_e. Dieser Effekt wird eingehend beschrieben in [85, 86]. Bei den für diese Arbeit verwendeten Targets spielen Effekte der Schockwelle eine Rolle, wie in Kapitel 5.3 beschrieben.

2.4. Laser-Teilchenbeschleunigung

Die gezielte Beschleunigung von geladenen Teilchen begann in den 1920er Jahren mit Gleich- spannungs-Beschleunigern, welche einen Van-der-Graaf-Generator [18], oder eine Cockcroft-Walten-Hochspannungskaskade [87–89] enthielten. Dabei wurden sehr schnell die Einschränkungen dieses Konzeptes klar. Hochspannungsüberschläge und die daraus resultierenden immer größeren Bauformen limitierten diese Konzepte auf Beschleunigungsspannungen weniger Millionen Volt pro Meter [MV/m].
1929 wurde durch *Wideröe* [19, 90] das Konzept der Nutzung von alternierenden Feldern vorgeschlagen, welche zwar geeignet sind höhere Teilchenenergien zu erreichen, aber bei maximalen Beschleunigungsspannungen pro Strecke immer noch begrenzt waren. Die ab den 1950er Jahren verwendeten metallischen Hohlraumresonatoren, in denen ein elektromagnetisches Wechselfeld die Teilchen beschleunigt, sind durch den Eigenwiderstand des Resonators auf Feldstärken von 2 MV/m begrenzt [91]. Darüber hinaus kommt es ebenfalls zu Hochspannungsüberschlägen. Durch die Verwendung von supraleitenden Materialien [92, 93] - zumeist Niob-Titan Legierungen - für den Resonatorbau konnte die Grenze weiter angehoben werden auf theoretisch bis zu 50 MV/m [91]. Die supraleitenden Resonatoren des geplanten European X-Ray Free-Electron-Lasers (XFEL) werden auf Feldstärken bis zu 23,6 MV/m ausgelegt [94]. Spätestens beim Erreichen von Feldstärken, welche die Resonatormaterialien ionisieren können, sind diesen Beschleunigungsprozessen Grenzen gesetzt.

2.4. LASER-TEILCHENBESCHLEUNIGUNG

Im Gegensatz dazu kann in einem Plasma, das per Definition bereits ionisiert ist, kein Überschlag mehr stattfinden. Das elektrische Feld, welches durch Ladungstrennung erzeugt werden kann, folgt aus der maximal möglichen Auslenkung der Elektronen um die Ionenrümpfe zu [57]:

$$E_{\text{Max}} = \frac{2\pi m_e \nu_p \epsilon_0}{e} \approx \sqrt{n_e} \cdot \epsilon \cdot 10^2 \quad [\text{V/m}] \quad (2.33)$$

und liegt typischerweise im Bereich mehrerer Billionen Volt pro Meter [TV/m].

Erste Ideen zur Beschleunigung von Elektronen mit Lasern wurden 1979 von *Tajima* und *Dawson* formuliert [21]. Beim vorgeschlagenen Schema der Laser-Wakefield-Acceleration (LWFA) bringt ein Laserpuls der Dauer der inversen Plasmafrequenz die Elektronen zum Schwingen und löst eine sich ausbreitende Plasmawelle aus. Elektronen können analog zur klassischen Beschleunigung in einem Hochfrequenzresonator in einer Halbwelle der entstandenen Plasmawelle Energie gewinnen. In einem gasförmigen Medium unterkritischer Dichte kann der Laserpuls über lange Strecken eine Plasmawelle treiben und ist nur durch die Phasenlaufzeiten zwischen dem, sich mit Lichtgeschwindigkeit ausbreitenden, Laserpuls und der langsameren Plasmawelle begrenzt [95]. Es konnten Rekordenergien von bis zu 1,8 GeV erreicht werden [96, 97]. Weitere wichtige Ergebnisse zur Laser-Elektron Beschleunigung, können gefunden werden in [57, 98–100].

Ionen können über diesen direkten Prozess der LWFA nicht beschleunigt werden. In Folge ihrer hohen Masse können sie sich nicht mit der Geschwindigkeit der Plasmawelle ausbreiten. Dennoch kann über das makroskopische Gradientenfeld, entstehend über die Ladungstrennung, eine Beschleunigung der Ionen stattfinden. In den letzten 12 Jahre seit der ersten Beobachtung beschleunigter Protonen [22] wurden zahlreiche Experimente und Simulationen zu unterschiedlichen Ionen-Beschleunigungsprozessen gemacht. Die wichtigsten dieser Prozesse sollen im Folgenden beschrieben werden.

Zuvor soll eine Anmerkung zu analytischen Modellen gemacht werden. Diese benötigen wie fast alle Modelle[3] Grundvoraussetzungen, wie z.B. thermische Gleichgewichte oder homogene Laserfelder. Für die beschriebenen Experimente wurden Kohlenstoff-Targets mit Dicken bis zu minimal 2 nm verwendet, was bei einem kovalenten Radius von Kohlenstoff von 77 pm [101] ungefähr 25 Atomlagen entspricht. In diesen Bereichen sind viele der bisher gemachten Annahmen nicht mehr gültig und eine Beschreibung ist, wie später dargestellt wird, nur noch numerisch möglich.

2.4.1. Target-Normalen-Beschleunigung

Der bislang am häufigsten beobachtete und untersuchte Prozess ist die Beschleunigung von Ionen im durch die Ladungstrennung entstandenen Feld (engl.: Target-Normal-Sheath-Acceleration (TNSA)).

Die vom Laser geheizten Elektronen fliegen von der Rückseite her durch ein Target in Richtung Vorderseite (vgl. Abschnitt 2.3). Ist das Target dünn genug, im Bereich weniger μm, können die Elektronen ohne nennenswerten Energieverlust die Targetvorderseite er-

---
[3]Von Nicht-Gleichgewichtsmodellen, welche in aller Regel sehr komplex sind, sei hier abgesehen.

KAPITEL 2. THEORIE

reichen. Dabei können hochenergetische Elektronen das Target verlassen. Auf Skalen der Debye-Länge λ_D (Gl. 2.28) führt die Ladungsseparation zu einem hohen Gradientenfeld mit Feldstärken im Bereich von TV/m (Abb.2.2). Diese Feldstärke reicht aus um auf der Vorderseite Atome des Targets oder Oberflächenkontamination zu ionisieren. Die Ionen werden gemäß ihres e/m-Verhältnisses im entstandenen Feld beschleunigt und können das Target auf makroskopischen Skalen verlassen. Da das beschleunigende Feld und somit die Teilchen sich senkrecht zur Targetoberfläche ausbreiten, nennt man den Mechanismus auch Target-Normalen-Beschleunigung.

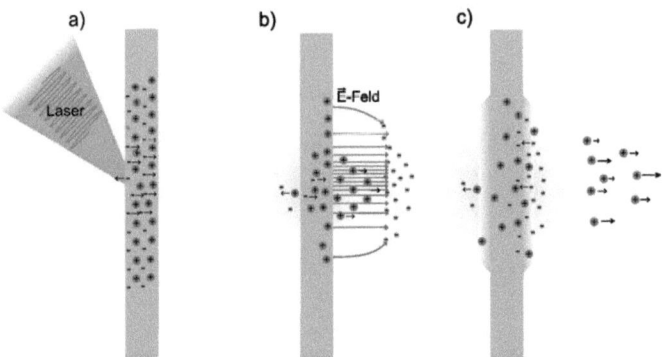

Abbildung 2.2.: *Schematische Darstellung der Target-Normal-Sheath-Acceleration (TN-SA). a) Der Laserpuls heizt die Elektronen, welche in Richtung Folienvorderseite beschleunigt werden. b) Beim Verlassen des Targets kommt es zur Ausbildung eines elektrischen Feldes, in dem wiederum Ionen beschleunigt werden können. c) Die beschleunigten Ionen können im Feld genug Energie aufnehmen, um das Potential zu verlassen. Die Reste der Folie werden durch die Plasmaexpansion zerstört.*

Eine kurze Beschreibung dieses Beschleunigungsprozesses nach dem 1-D Modell [102] soll die wichtigsten Kenngrößen liefern. Dabei wird ein Target bestehend aus nur einer Ionensorte angenommen. Eine ausführliche Beschreibung sowie weitere analytische Lösungsansätze finden sich in [103–105].
Die vom Laser in z-Richtung in das Target beschleunigten Elektronen werden zunächst durch eine Boltzmann-Verteilung $n_e(z,t) = n_0 \exp\left(e \cdot \Phi(z,t)/k_B T\right)$ in Abhängigkeit des Potentials $\Phi(z,t)$ und der kinetischen Energie, wiederum ausgedrückt durch die Temperatur (siehe Gl. 2.24), beschrieben. Das Potential $\Phi(z,t) = e(n_e - Z \cdot n_I)$ folgt unter Berücksichtigung der Elektronenverteilung durch Ladungserhaltung. Durch Integration kann das maximale Feld aus dem Potential für den Zeitpunkt $t = 0$ hergeleitet werden:

$$E_{\text{TNSA};}\,(t=0)_{\text{Feld}} = \sqrt{\frac{2}{e_N}}\sqrt{\frac{k_B n_e T_e}{\epsilon_0}} \tag{2.34}$$

wobei e_N die Eulersche-Zahl ist. Mit der bereits zuvor angenommenen Elektronentemperatur von $T_e \approx 2\,\text{MeV}$ und $n_e = 4,1 \cdot 10^{23}\,\text{cm}^{-3}$ für die verwendeten Folien folgt eine Feldstärke von E_{TNSA}=24,1 TV/m. Durch analytisches Lösen der Poisson-Gleichung des

2.4. LASER-TEILCHENBESCHLEUNIGUNG

Potentials und Einsetzen in die Elektronenverteilung lässt sich die Ionenverteilung wiederum durch Impulserhaltung bestimmen und aus beiden das gesamte elektrische Feld [102]:

$$E(\tau) \approx \sqrt{\frac{2}{e_N}} \sqrt{\frac{k_B n_e T_e}{\epsilon_0 \left(1 + \overline{\tau_{TNSA}(\tau)}\right)}} \qquad (2.35)$$

mit der zunächst normierten Beschleunigungszeit $\overline{\tau_{TNSA}(\tau)} = \sqrt{2}\pi\nu_p \tau_{TNSA}/\sqrt{e_N}$. Nimmt man für die zeitliche Entwicklung eine isotherme Plasmaexpansion, wie beschrieben in [102] an, folgt die maximale Ionenenergie:

$$E_{Max}(\tau)_{Ion} = 2Zk_B T_e \left(\ln\left(\overline{\tau_{TNSA}(\tau)} + \sqrt{\overline{\tau_{TNSA}^2(\tau)} + 1}\right)\right)^2. \qquad (2.36)$$

Als Beschleunigungszeit τ_{TNSA} kann in erster Näherung die Pulsdauer des Lasers angenommen werden. Eine Abschätzung für die Beschleunigungszeit aus den bisherigen experimentellen Daten legt einen Zusammenhang mittels eines Gewichtungsfaktors dar. Aus [106, 107] leitet sich $\tau_{TNSA} \approx 1,3 \cdot \tau_L$ her. Neue Veröffentlichungen korrelieren dies mit der Schwingungsdauer der Ionen in Abhängigkeit der heißen Elektronen $n_{e,H}$ und der Ionenmasse m_I zu [108]:

$$\tau_{TNSA} = \frac{1}{6}\sqrt{\frac{m_I \epsilon_0}{n_{e,H} e^2}}. \qquad (2.37)$$

Für eine Pulsdauer von $\tau_L = 27\,\text{fs}$ ergibt sich eine Beschleunigungszeit für TNSA von $\tau_{TNSA} \approx 40\,\text{fs}$. Schließlich folgt die Verteilungsfunktion $\frac{dN}{dE}(E_{TNSA}, t)$ der beschleunigten Ionen durch das Einsetzen des Feldes in die Bewegungsgleichung und abschließende Integration zu

$$\frac{dN}{dE}(E_{TNSA}, t) = \frac{Z n_e t}{\sqrt{2m_i E_{TNSA}}} \exp\left(-\sqrt{\frac{4E_{TNSA}}{Zk_B T_e}}\right). \qquad (2.38)$$

Aus dieser Gleichung sind sofort wichtige Eigenschaften der durch den TNSA Prozess beschleunigten Teilchen ersichtlich. Sie haben zum einen eine exponentiell abfallende Häufigkeitsverteilung hin zu hohen Energien. Außerdem gibt es eine Maximalenergie der Ionen (Gl. 2.36) - resultierend aus dem maximalen Feld welches durch die Ladungstrennung aufgebaut wurde -, worüber hinaus es keine weiteren höherenergetischen Teilchen gibt. Diese Maximalenergie ist von der kinetischen Energie der Elektronen abhängig, die wiederum vom elektrischen Feld abhängt. Experimentell wurde verifiziert [102, 109–111]:

$$E_{Cut} \sim E_L \cdot \lambda_L = \sqrt{I_L \cdot \lambda_L^2}. \qquad (2.39)$$

Durch den rapiden Abfall der Verteilung oberhalb dieser Energie wird diese Maximal-Energie auch Cutoff-Energie E_{Cut} (engl.: abschneiden) genannt.
Aufgrund der Tatsache, dass dieser Prozess sich für ein weites Spektrum an Laserparametern anwenden lässt [112], ist er der am besten untersuchte Laser-Ionen-Beschleunigungsprozess. Das Energiespektrum lässt sich z.B. durch zwei hintereinander geschaltete Beschleunigerstufen [26] einschränken. Sekundäre Prozesse zur Begrenzung des Energiespektrums z.B.

durch Fokussierung werden an der GSI untersucht[4].

2.4.2. Strahlungsdruck-Beschleunigung

Ein anderer Ansatz, ursprünglich schon in den 1950er Jahren von *Veksler* [114] beschrieben ist die Beschleunigung durch Übertragung des Photonenimpulses auf einen Körper. Wenige Jahre nach Erfindung des Lasers [20] gab es erste Ideen, Raketen mittels Laserstrahlung zu beschleunigen [115], ein Beispiel, welches den Prozess sehr schön beschreibt. Der konventionelle Antrieb einer Rakete beruht auf dem Prinzip der Impulserhaltung. Der mitgeführte und während des Fluges nach hinten ausgestoßene Treibstoff erzeugt einen Impuls, dessen Gegenimpuls wiederum die Rakete nach vorn beschleunigt [116]. Würde man Photonen an der Rückseite der Rakete reflektieren, so würde ebenfalls ein Impuls auf die Rakete übertragen[5]. Dieser Prozess wird Strahlungsdruck Beschleunigung [eng.: Radiation-Pressure-Acceleration (RPA)] genannt. Mit dem übertragenen Impuls $p = E/c$, folgt der Impulsfluss p':

$$p' = \frac{I}{c} = \frac{\epsilon_0 E^2}{2}. \quad (2.40)$$

Damit ergibt sich für eine vollständig reflektierende Oberfläche, also bei doppeltem Impulsübertrag, ein Druck P von

$$P = \frac{2I}{c}. \quad (2.41)$$

Anschaulich bedeutet dies, solange der Laser mit dem Target wechselwirkt, also Photonen ihren Impuls übertragen, wirkt eine Kraft, welche pro Fläche wiederum einem Druck gleichzusetzen ist. Der Impuls p eines einzelnen Photons ist dabei $p_\gamma = h/\lambda$, mit dem Planckschen-Wirkungsquantum h, sehr klein ($p_{790\,\text{nm}} = 8 \cdot 10^{-28}$ Ns). Erst durch die Entwicklung von Hochintensitäts-Lasern [118] wurde es möglich genügend gerichtete Photonen zu erzeugen, um einen makroskopischen Impuls zu generieren. Eine Intensität von $I_L = 6 \cdot 10^{19}$ W/cm^2 entspricht einem Druck von 40 GBar.

Die Idee wurde von *Wilks et al.* aufgegriffen [78]. Die Elektronen des Targets werden kollektiv in das Target hinein gedrückt und bilden eine komprimierte Schicht mit hoher Elektronendichte aus, die wiederum ein Feld induziert, in dem die Ionen beschleunigt werden, siehe Abb. 2.3.

Für linear polarisierte Laserpulse kommt es im Target zu den in Kapitel 2.2.2 beschriebenen Absorptionseffekten, welche vorrangig die Elektronen heizen. Erst bei Intensitäten $> 10^{23}$ W/cm^2 wird die Beschleunigung durch den Druck dominiert [119]. Die Verwendung von zirkular polarisiertem Licht wurde 2005 von *Macchi et. al* vorgeschlagen [120]. Dies führt, wie in Gl. 2.14 hergeleitet dazu, dass die Elektronen keine Energie durch die Schwingung im Feld aufnehmen. Der Einfall des Laserstrahls in einer Normalen zur Targetoberfläche unterdrückt die anderen Absorptionseffekte. Im folgenden soll der Beschleunigungseffekt genauer hergeleitet werden. Dabei werden die Photonen zunächst im Wellenbild betrachtet. Sie bilden ein elektrisches Feld, welches mit der Folie wechselwirkt.

---

[4]LIGHT-Projekt: **L**aser **I**on **G**eneration **H**anding and **T**ransport [113]

[5]Diese Methode ist nicht zu verwechseln mit der Beschleunigung durch laserinduzierte Rückstoß- Plasmaexpansion (eng.: LITA; **L**aser-driven **I**n-**T**ube **A**cceleration). [117]

2.4. LASER-TEILCHENBESCHLEUNIGUNG

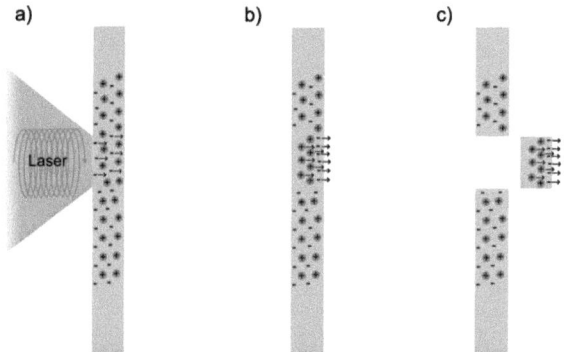

Abbildung 2.3.: *Schematische Darstellung der Radiation-Pressure-Acceleration (RPA). a) Der senkrecht zur Targetebene eingestrahlte Laserstrahl beschleunigt die Elektronen kollektiv in Richtung der Folienvorderseite. b) In einem Gleichgewichtszustand werden die Ionen im entstehenden Feld der Elektronen kollektiv mitbeschleunigt, so dass sich c) das Target als ganzes in Vorwärtsrichtung bewegt.*

Es wird ein Target der Dicke l_0 mit der Teilchendichte $n_0 > n_{Cr}$ angenommen, dessen Reflexivität R gemäß Gl. 2.21 und 2.22 definiert ist. Das Target bestehe aus nur einer Ionensorte mit Ladung Z (Abb. 2.4). Das sich ausbildende elektrische Feld E_Z habe ein lineares Verhalten. Es ist in der Ionenschicht monoton ansteigend, mit $E_{Z1} = E_0 \cdot x/l_I$ ($0 < x < l_I$) und in der Elektronenschicht monoton abfallend, mit $E_{Z2} = E_0 \left[1 - (x - l_I)/l_e\right]$ ($l_I < x < l_I + l_e$). Unter der Annahme, dass alle Elektronen in die Elektronenschicht übergehen, gilt für das Feld:

$$E_0 = \frac{Z e n_0 l_I}{\epsilon_0} \tag{2.42}$$

wobei n_0 die initiale Teilchendichte angibt. Aus der Ladungserhaltung folgt außerdem:

$$n_0 Z (l_I + l_e) = n_e l_e. \tag{2.43}$$

Als letztes folgt aus der Impulserhaltung, bzw. dem Gleichgewicht zwischen übertragenem Impuls und dem elektrostatischen Druck:

$$\frac{E_0 e Z n_0 l_e}{2} \simeq \frac{(1+R)}{c} I_L. \tag{2.44}$$

Zunächst lässt sich durch Einsetzten von 2.42 in 2.40 und Berücksichtigung der Reflexivität die Dicke der Ionenschicht l_I und damit die Tiefe bestimmen, in die die Elektronen gedrückt werden:

$$l_I = \sqrt{\frac{(1+R) K I_L \epsilon_0}{Z^2 e^2 n_0^2 c}}. \tag{2.45}$$

Im Falle von zirkular polarisiertem Licht ist die Konstante $K=1$, bei linear polarisiertem Licht ist $K=2$. Durch Nutzung des normierten Vektorpotentials (Gl. 2.13) und der kri-

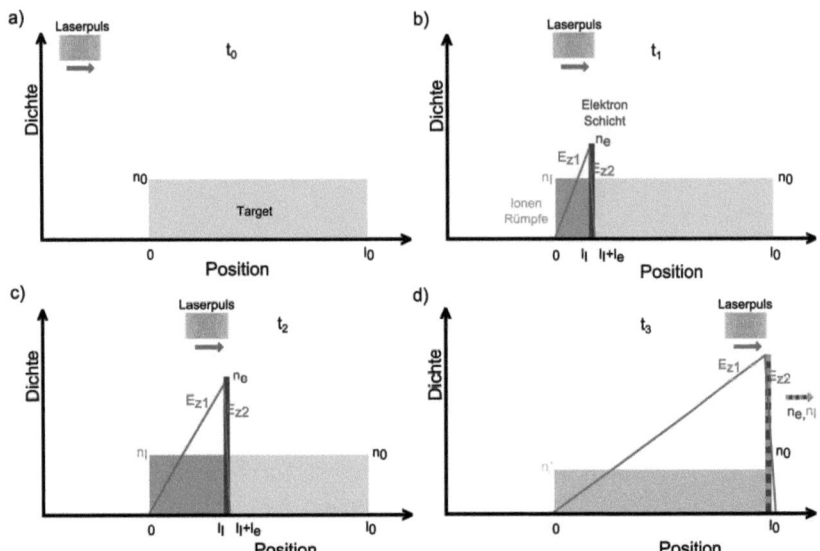

Abbildung 2.4.: *Skizze des RPA-Beschleunigungsprozesses.* **a-b)** *Der Laserpuls beschleunigt die Elektronen im Target in Richtung der Targetvorderseite, wobei sich eine kompakte Elektronenschicht ausbildet.* **c)** *In dem entstehenden Feld können die Ionen, welche sich innerhalb der Elektronenschicht befinden und einen positiven Feldgradienten sehen, kollektiv in Vorwärtsrichtung beschleunigt werden und in den feldfreien Bereich vor die Elektronenschicht gelangen.* **d)** *Bei richtiger Wahl der Targetdicke treibt das Laserfeld die Elektronen bis zur Targetrückseite, wobei die Ionen geschlossen folgen. In diesem Fall werden theoretisch alle Ionen kollektiv mitbeschleunigt. Dies führt dazu, dass das gesamte Target beschleunigt wird. (Dieser Fall ist hier nicht dargestellt. Es werden nur einige der Ionen beschleunigt.)*

tischen Dichte (Gl. 2.19) lässt sich l_I weiter vereinfachen, wobei der Faktor $\overline{\gamma}$ in dieser Rechnung vernachlässigt wurde, zu [121–123]:

$$l_\mathrm{I} = \sqrt{(1+R)}K\frac{a_0 \cdot n_{Cr} \cdot \lambda_\mathrm{L}}{\pi Z n_0} \qquad l_\mathrm{I};\ \lambda_\mathrm{L} : [\mu\mathrm{m}]. \tag{2.46}$$

Der Faktor π im Nenner folgt dabei aus der relativistischen Transparenz [121] und wurde in früheren Quellen nicht berücksichtigt [29, 124]. Diese Gleichung lässt sich weiter umstellen. Zunächst folgt aus Gl. 2.43 die Elektronendichte $n_\mathrm{e} = Z n_0$. Mit der Definition der normierten Flächendichte $\sigma = (n_\mathrm{e}/n_{\mathrm{Cr}}) \cdot (l_\mathrm{I}/\lambda_\mathrm{L})$ vereinfacht sich die Gleichung weiter zu:

$$\sigma = \sqrt{(1+R)}K\frac{a_0}{\pi}. \tag{2.47}$$

2.4. LASER-TEILCHENBESCHLEUNIGUNG

Final gilt:
$$\text{lin pol.: } \sigma \approx \sqrt{(1+R)}\frac{a_0}{2} \qquad \text{zirk. pol.: } \sigma = \sqrt{(1+R)}\frac{a_0}{\pi}. \qquad (2.48)$$

Die verwendeten Targets haben gemäß Tabelle 2.1 geringe eine geringe Reflexivität. Daher wird im Folgenden der Term $\sqrt{(1+R)} \approx 1$ angenommen und vernachlässigt. Die Ionen erfahren in Folge des entstandenen Feldes eine Beschleunigung in Richtung der Elektronenschicht. Unter der Annahme, dass die Position der komprimierten Elektronenschicht sich während der Beschleunigung der Ionen nicht ändert, bleibt das Feld E_0 damit konstant. Betrachtet werden zum einen die Ionen in der Schicht $0 < x < l_\text{I}$. Diese werden im konstanten Feld beschleunigt, was zu einer Abnahme der Dichte führt. Durch das entgegengesetzte Feld nehmen diese Ionen nicht am Beschleunigungsprozess teil. Zum Anderen werden die Ionen in der komprimierten Elektronenschicht $l_\text{I} < x < l_\text{I} + l_\text{e}$ in Vorwärtsrichtung beschleunigt. Unter der Annahme, dass die Elektronen sich in einem Gleichgewichtszustand befinden und der Strahlungsdruck weiter erhalten bleibt, also der Laser die komprimierte Elektronenschicht stabilisiert, erreichen alle Ionen die Front der komprimierten Elektronenschicht zur gleichen Zeit. An der Front der Elektronenschicht ist das Feld verschwunden und die beschleunigten Ionen propagieren frei weiter. Die Beschleunigungszeit τ_I der Ionen und die maximale Geschwindigkeit v_max lassen sich aus der Ionenmasse m_I und der Dichte bestimmen zu:

$$\tau_\text{I} \simeq \frac{1}{2\pi\nu_\text{L}}\sqrt{\frac{A}{Z}\frac{m_\text{I}}{m_\text{e}}} \qquad (2.49)$$

bzw.

$$v_\text{max} = \sqrt{\frac{Z}{A}\frac{m_\text{e}}{m_\text{I}}\frac{n_\text{Cr}}{n_\text{e}}}a_0 \qquad (2.50)$$

Dabei sind Z und A die zuvor bereits verwendete Ladungs- und Massezahl. Betrachtet man den nicht-statischen Fall und berücksichtigt numerisch, wie sich die Elektronenschicht beim Durchlaufen des Targets aufbaut [120], so ergibt sich durch das Gleichgewicht zwischen Strahlungsdruck und dem entstehenden Feld immer ein beschleunigendes Feld, welches diese Ionen konstant nach vorn beschleunigt. In diesem Fall tritt die Ionenschicht nicht auf und alle Ionen nehmen am Beschleunigungsprozess teil. Wird die Targetdicke d so gewählt, dass sie der Eindringtiefe l_I der Elektronen entspricht, kann die gesamte Folie im Fokus wie ein „Segel" (engl. light-sail) nach vorne beschleunigt werden. In diesem Fall lässt sich die Foliengeschwindigkeit v_F äquivalent zu Gl. 2.44 abschätzen.
Eine kurze und anschauliche Erklärung für diesen Effekt erhält man im Teilchenbild. Im Rahmen der Impulserhaltung kann der makroskopische Impuls der durch den Laser auf die Folie übertragen wird von dieser absorbiert werden und führt zur kollektiven Beschleunigung der Folie. Der Impuls der Photonen muss dem Impuls entsprechen, der von der Folie aufgenommen werden kann. Anhand Gl. 2.47 können nun verschiedene Fälle betrachtet werden. Für zirkular polarisiertes Licht gibt es neben dem Fall des Gleichgewichts $a_0/\pi=\sigma$, in dem die ganze Folie homogen beschleunigt werden sollte, noch die beiden Fälle $a_0/\pi<\sigma$ und $a_0/\pi>\sigma$. Für den Fall $a_0/\pi<\sigma$ reicht der von den Photonen übertragene Impuls nicht aus, um die Elektronen vollständig durch die Folie zu schieben. Für den Fall $a_0/\pi>\sigma$ ist der vom Laser übertragene Impuls so groß, dass die Elektronen rückseitig aus der Folie hinaus gedrückt werden. Eine genaue Diskussion der verschiedenen Fälle wird

in [122] gegeben. Für die durchgeführten Experimente mit einer Maximalintensität von $6 \cdot 10^{19}$ W/cm^2 (a_0=5,3) berechnen sich für die in Tabelle 2.1 gegebenen Elektronendichten die ideale Targetdicke zu d_{Par}=(22-31) nm bzw. $d_{\text{Kohl.}}$=(12-17) nm je nach Polarisation. Ein stabiler Beschleunigungsprozesse ist dabei, wie in Simulationen vorhergesagt, maßgeblich von der Polarisation abhängig [125]. Erst bei Elliptizitäten ϵ>70%, also der Verwendung von zirkular polarisiertem Licht, tritt RPA in signifikatem Maße auf. Dies wurde unter anderem im Rahmen dieser Arbeit überprüft. Durch Variation der Experimentparameter, z.B. durch Wahl von $a_0/\pi \gg \sigma$ können die Elektronen genügend kinetische Energie bekommen, um das Target vollständig zu verlassen und als freie Elektronenschicht mit hoher Dichte zu propagieren. So kann z.B. kohärente Thomson-Streuung realisiert werden, was Möglichkeiten für die Erzeugung neuer brillianter Lichtquellen im XUV darstellen würde [126–128]. Insgesamt bieten sich auf diese Weise eine Menge potentieller Anwendungen für Lichtdruck-induzierte Beschleunigungsprozesse.

2.4.3. Gerichtete Coulomb-Explosion

Neben den beiden bisher dargestellten Beschleunigungsmechanismen ist für die spätere Interpretation der Daten der Mechanismus der gerichteten Coulomb-Explosion (engl.: directed Coulomb-explosion (DCE)) von Bedeutung. Dieser stellt den Spezialfall der schon seit langem bekannten und z.B. in der Laser-Werkstoff Bearbeitung gezielt genutzten Methode der Coulomb-Explosion dar [129–131].

Der Laser wechselwirkt wie vorangehend beschrieben mit dem Target und ionisiert dieses. Dabei wurde bisher nur die Wechselwirkung vermittelt durch die Elektronen beschrieben. Diese bauen in der ein oder anderen Form, durch Ladungstrennung oder den Aufbau einer dichten Elektronenschicht, ein elektrisches Feld auf, mit welchem die Ionen interagieren. Darüber hinaus findet eine Thermalisierung der Ionen durch Stöße, wie in Gl. 2.26 beschrieben, statt.

Betrachtet wird zunächst ein idealisiertes Bild, in dem nach der Wechselwirkung mit dem Laser, sämtliche Elektronen der Atome entfernt werden, also vollständige Ionisation vorliegt. Dadurch werden die chemischen Bindungen[6] gelöst und die positiv geladenen Ionenrümpfe stoßen sich infolge der Coulomb-Wechselwirkung gegenseitig ab. Die Ionenwolke „explodiert" isotrop. Nimmt man diese Wechselwirkung zu den in diesem Kapitel besprochenen Thermalisierungsprozessen erhält man eine höheren Geschwindigkeit und damit Energie der Ionen, als im Falle der klassischen thermischen Gleichgewichts.
Im nächsten Schritt wird das Vorhandensein mehrerer unterschiedlicher Ionensorten (I$_1$, I$_2$) mit den Massen (m$_1$, m$_2$) und Ladungen (q$_1$, q$_2$) betrachtet. Sind diese im Abstand r_{12} zunächst gebunden, folgt für die resultierende Expansionsgeschwindigkeit v_{12} [134]:

$$|v_{12}| = |v_1 - v_2| = \sqrt{\frac{2(q_1 \cdot q_2)}{|r_{12}|\tilde{m}}} \quad \text{mit} \quad \tilde{m} = \frac{m_1 \cdot m_2}{m_1 + m_2}. \quad (2.51)$$

Im Fall nur zweier betrachteter Ionen ist dieser Effekt, gemessen an der Beschleunigung in elektrischen Feld der Elektronen, sehr klein und ungerichtet. Beispielsweise beträgt die resultierende Geschwindigkeit für ein C^{6+}-Ion und ein Proton, welche mit einem Abstand

---

[6]ionische-, kovalente-Bindung, etc. [132,133]

2.4. LASER-TEILCHENBESCHLEUNIGUNG

von $r_{12}=107\,\text{pm}$[7] gebunden sind nur ungefähr 10,4 m/s für das Proton. Dabei erreicht das Proton, als leichteres Teilchen infolge der Impulserhaltung eine größere Geschwindigkeit. Im Falle eines makroskopischen Plasmas ist dieser Effekt ausgeprägter, bedingt durch die größeren Potentiale in Folge der Vielteilchensysteme. In Kombination mit den Feldprozessen der anderen Beschleunigungsmechanismen kann dies, wie in Abb 2.5 gezeigt, dazu führen, dass bei hohen Intensitäten (größer $10^{20}\,\text{W/cm}^2$) und Targets mit mehreren Ionensorten alle Ionen zunächst in eine Richtung beschleunigt werden. Dabei werden die leichten Ionen bzw. Protonen vor die schwereren Ionen gelangen. Durch die gleichzeitige Coulomb-Abstoßung bekommen die Protonen so einen zusätzlichen Impuls, der bedingt durch die gleiche räumliche Separation vorwiegend gerichtet ist. Man spricht von gerichteter Coulomb-Explosion. Durch die Wechselwirkung vieler Teilchen mit unterschiedlichen Ladungszuständen und der Abhängigkeit der Dichteverteilung ist eine analytische Beschreibung nicht möglich. Nach dem Festlegen der Startbedingungen und der Vorgabe von Parametern für die Coulomb-Wechselwirkung wird die Entwicklung eines Systems mittels PIC-Simulationen betrachtet. [135–137]. Dabei ist ersichtlich, dass bei Startbedingungen mit hohen Dichten, also vielen Ionen auf engem Raum, wie es im RPA-Regime auftritt, die DCE ein signifikanter Effekt sein kann.

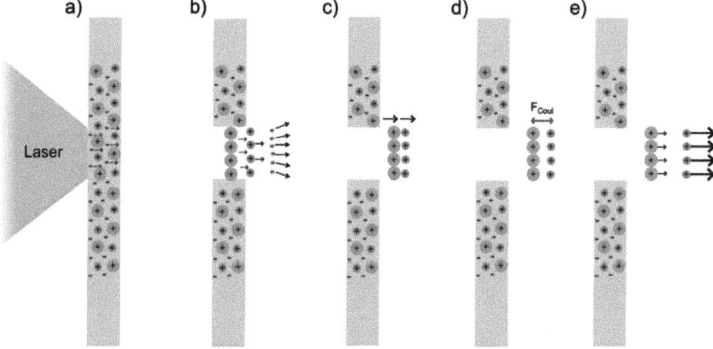

Abbildung 2.5.: *Schematische Darstellung der Directed-Coulomb-Explosion (DCE). **a),b)** Nachdem der Laser mit der Folie interagiert hat, werden die Ionen in einem primären Prozess (TNSA oder RPA) beschleunigt. **c),d)** Bei Vernachlässigung des Einflusses der Elektronen kommt es zur einer Coulomb-Abstoßung der unterschiedlichen Ionensorten mit unterschiedlichem Ladungs-zu-Masse Verhältnis. **e)** Dies wiederum führt dazu, dass die voran fliegenden Ionen mit dem größten Ladungs-zu-Masse-Verhältnis einen zusätzlichen Impuls in Flugrichtung bekommen, wohingegen die anderen Ionen retardiert werden.*

2.4.4. Thomson-Rückstreuung

Die Möglichkeit viele Elektronen gleichmäßig zu beschleunigen und so eine monoenergetische Struktur hoher Dichte zu haben bietet Ansätze für Sekundärexperimente, wie z.B.

---
[7] Abstand C-H-Bindung in Methan (CH_4) [132]

KAPITEL 2. THEORIE

Thomson-Rückstreuung. Dabei werden Photonen an den beschleunigten freien Elektronen gestreut und erfahren infolge der relativistischen Streuung eine Blauverschiebung hin zu höheren Energien. Der Streuquerschnitt für diesen Prozess ist mit $\sigma_\text{T} = 6,65 \cdot 10^{-29}$ m^2=0,7 barn [138] sehr gering, jedoch kann die hohe Photonendichte eines Lasers in Kombination mit einer hohen Elektronendichte zu einer hohe Anzahl rückgestreuter Teilchen führen. Diese ist gegeben als [139]:

$$W = \sigma_\text{T} \cdot l \cdot n_\text{e} \cdot \frac{E_\text{L}}{h \cdot \nu}. \quad (2.52)$$

Die Streuung des Photons findet dabei im Ruhesystem des Elektrons statt, so dass zwei Lorentz-Transformationen [54] gemacht werden (Abb. 2.6). Gegeben sei die normierte Wellenzahl des Photons

$$K = \frac{hk_\text{L}}{\pi m_\text{e} c} \quad \text{mit} \quad k_\text{L} = \frac{2\pi}{\lambda_\text{L}} \propto F_{\iota\gamma}. \quad (2.53)$$

Es gelten die beiden Transformationen:

$$K_\text{F}^* = K_\text{I}\gamma \left(1 + \beta \cos \alpha_1\right) \quad (2.54)$$
$$K_\text{F} = K_\text{I}^* \gamma \left(1 - \beta \cos \alpha_2\right). \quad (2.55)$$

Unter der Annahme einer Kleinwinkelstreuung mit $\alpha_1 \approx 0°$ und $\alpha_2 \approx 180°$ vereinfachen sich die Gleichungen zu:

$$K_\text{F} = K_\text{I}\gamma^2 \left(1 + \beta\right)^2. \quad (2.56)$$

Im RPA-Regime wird der relativistische Grenzfall der Compton-Streuung [140] nicht erreicht, so dass eine weitere Vereinfachung an dieser Stelle nicht sinnvoll ist.

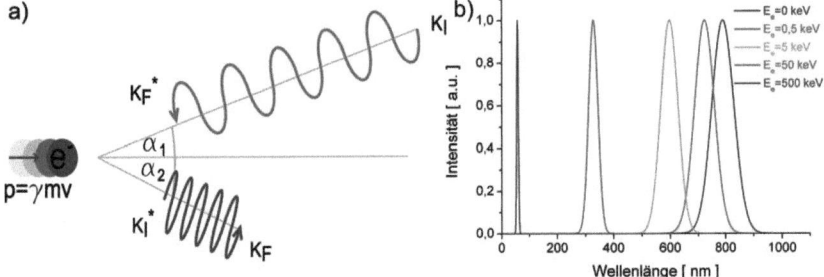

Abbildung 2.6.: *a) Skizze des Thomson-Streuprozesses mit entsprechenden Lorentz-Transformationen. Hierbei ist K die normierte Wellenzahl des Photons im Laborsystem bzw. im Ruhesystem des Elektrons (K^*), vor ($_\text{I}$) bzw. nach ($_\text{F}$) der Transformation. b) Blauverschiebung für ein Gaußverteiltes-Streuspektrum mit jeweils normierter Intensität bei einer Zentralwellenlänge von 790 nm und einer Halbwertsbreite von σ=40 nm in Abhängigkeit der Elektron-Energie.*

Experimentelle Daten, sowie eine theoretische Abschätzung der erwarteten Blauverschiebung werden in Kapitel 4.6 und 5.4 vorgestellt.

2.4. LASER-TEILCHENBESCHLEUNIGUNG

2.4.5. Ionen-Mischungs Targets

Die Ausbildung einer stabilen Schicht, wie vorangehend beschrieben, gründet auf den idealisierten Annahmen analytischer Betrachtungen und numerischer Simulationen, welchen ebenfalls idealisierte Bedingungen zugrunde liegen. Insbesondere durch Instabilitäten, z.B. durch Inhomogenitäten im Fokus oder der Targetfolie, aber auch hydrodynamischen Instabilitäten (Rayleigh-Taylor-Instabilität [141–143]), werden Störungen induziert, welche die Ausbildung der Schicht verhindern können. Ein theoretischer Ansatz dies zu verbessern ist die Nutzung von Targets mit unterschiedlichen Ionensorten, beschrieben in [122,144]. Die Idee in beiden Veröffentlichungen ist, dass mehrere Ionensorten unterschiedlicher Masse den Beschleunigungsprozess stabilisieren, was anhand von numerischen Simulationen demonstriert wurde. In einer weiterführenden Simulation [123] wurde die Ausbildung eines gemischten Beschleunigungsprozesses aus RPA und einer feldinduzierten Beschleunigung bei Intensitäten im Bereich weniger 10^{21} W/cm^2 demonstriert.

Yu et al. beschreiben eine Trennung der Ionensorten infolge des unterschiedlichen e/m-Verhältnisses in mehrere Schichten. Dabei werden induzierte Störungen des Beschleunigungsprozesses von den langsameren Schichten gegenüber den leichten und schnelleren Schichten abgeschirmt, so dass diese ein „Segel" ausbilden können [144].

Qia et al. begründet die Stabilisierung der leichten und schnellen Schicht durch Elektronen, welche das repulsive Coulomb-Potential kompensieren. Diese Elektronen lösen sich aus der schwereren und langsameren Schicht. Dieser Prozess der Abgabe von Elektronen wird „löchriges Segel" (eng.: leaky-light sail) genannt [122].

In einer erweiterten Darstellung beschreibt *Qia et al.*, dass die Elektronen welche im leaky-light sail Regime aus dem Target ausgelöst werden, ein beschleunigendes Feld aufbauen, das in einem zweiten Schritt zu einer Nachbeschleunigung des Targets in einem TNSA ähnlichen Prozess führt [123].

Im Rahmen der durchgeführten Experimente wurden sowohl Targetfolien mit nur einer Ionensorte, sowie auch Targetfolien mit mehreren Ionensorten verwendet. Dabei wurde erstmalig die monoenergetische Beschleunigung mehrerer Ionenspezies, also unterschiedlicher Elemente, sowie deren Ladungszustände, beobachtet. Diese werden mit den Ergebnissen numerischer Simulationen verglichen (Kapitel 4.7).

3. Experimentelle Aufbauten

In diesem Kapitel soll auf den verwendeten Laser, die Experimentaufbauten, sowie die Targetherstellung und Charakterisierung eingegangen werden. Um die in der Theorie beschriebenen Beschleunigungseffekte untersuchen zu können sind, neben den Diagnostiken, die experimentellen Parameter entscheidend. Selbst für die in diesem Kapitel beschriebenen Folien weniger Nanometer Dicke, werden zur Lichtdruck-Beschleunigung Intensitäten im Bereich von $10^{19..20}$ W/cm^2 benötigt. Ferner werden Justage- und Optimierungsprozeduren für das Experiment, sowie die Methoden zur Bestimmung der Laserintensität und des Kontrastes vorgestellt.

3.1. Das Lasersystem JETI

Die Experimente zur Laser-Teilchenbeschleunigung wurden am JETI Lasersystem (**JE**na **TI**tanium: Saphir TW Lasersystem) im Rahmen einer Kollaboration mit dem Helmholtz-Institut Jena durchgeführt. Dieses mit 10 Hz Repetitionsrate betriebene 40 TW System gehört zu den leistungsstärksten Lasersystemen in Deutschland. Aufbauend auf dem Prinzip der Pulsstreckung (engl. chirped-pulse-amplification (CPA)) liefert das System Pulse mit einer Energie von circa 0,8 J bei einer Pulsdauer von τ=27 fs entsprechend einer Wellenlänge von $\lambda_{\text{FWHM}} = (790 \pm 40)$ nm.

Erst durch die Einführung des CPA-Prinzips [118] im optischen Wellenlängenbereich im Jahr 1985[1] wurde es möglich Laserintensitäten von mehr als den bis dahin möglichen einigen 10^{15} W/cm^2 zu erzeugen. Begrenzt ist die Flächenleistung, auf oder in Medien, durch nichtlineare Effekte, wie Selbst-Phasen-Modulation (eng.: self-phase-modulation (SPM)) [146, 147] oder Selbstfokussierung (eng.: self-focussing (SP)) [148], welche die zeitlichen und räumlichen Parameter des Laserpulses ändern. Dabei wechselwirkt das Laserfeld mit der Materie und ändert z.B. durch eine Ausrichtung der Elektronen den Brechungsindex des Mediums. Die nötigen Intensitäten liegen dabei unterhalb derer, die für Ionisationsprozesse wie in Kapitel 2.1.2 beschrieben nötig sind. Eine mögliche, aber unwirtschaftliche Lösung ist, den Strahl aufzuweiten und die verwendeten Optiken so zu dimensionieren, dass die Flächenleistung gering bleibt. Eine einfachere Lösung bietet sich in der Verminderung der Intensität durch eine Verlängerung der Pulsdauer. Aus der Heisenbergschen Unschärferelation [45] folgt das Pulsdauer-Bandbreiten Produkt:

$$\tau_{\text{L}} \cdot \Delta \nu \geq K, \qquad (3.1)$$

---

[1] Das Prinzip wurde im Rahmen der Reichweitensteigerung für Radar schon im Jahr 1960 beschrieben [145].

KAPITEL 3. EXPERIMENTELLE AUFBAUTEN

wobei K eine pulsformabhängige Konstante ist. Ein ultra-kurzer Laserpuls hat eine genügend große Bandbreite, so dass mit Hilfe dispersiver Elemente Gruppendispersion (engl. group-delay-dispersion (GDD)) induziert werden kann, wobei der Puls zeitlich gestreckt wird. Der zeitlich gestreckte Puls wird anschließend verstärkt und danach erneut mit Hilfe eines dispersiven Elementes eine GDD mit entgegengesetzten Vorzeichen induziert, was den Puls zeitlich komprimiert. Hierbei werden besonders bei Hochintensitäts-Lasern optische Gitter als dispersive Elemente verwendet. Die übliche zeitliche Streckung beträgt einen Faktor 10^3, was es erlaubt bei gleichbleibender Flächenintensität 1000 mal mehr Energie im Puls zu speichern. Abb. 3.1 zeigt eine Skizze des CPA-Prozesses. Herleitungen der wichtigen Formeln und weitere Realisierungsmöglichkeiten für CPA finden sich ferner in [149–152].

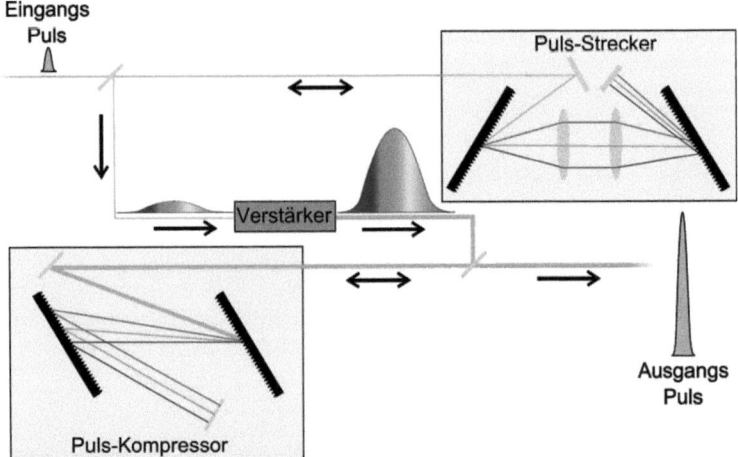

Abbildung 3.1.: *Schema der chirped-pulse-amplification. Ein zeitlich kurzer und damit sehr breitbandiger Laserpuls wird mit Hilfe dispersiver Elemente (Gitter) zeitlich gestreckt. Der lange Puls wird anschließend verstärkt und final erneut mittels dispersiver Elemente zeitlich komprimiert.*

Das ursprüngliche JETI System mit längeren Pulsdauern [153] wurde 2009 bis zur dritten Verstärkerstufe durch ein kommerzielles System[2] ersetzt und entspricht in der aktuellen Ausbaustufe der Darstellung in Abbildung 3.2. Die insgesamt fünf Ti:Sa-Verstärkerstufen werden von Frequenzverdoppelten Nd:YAG bzw. Nd:YVO$_4$ Lasern bei einer Wellenlänge von 532 nm gepumpt.
In einem modengelockten Oszillator [154] werden Treiberpulse mit einer Bandbreite von $\Delta\lambda$=74 nm ($\Delta\tau \approx 15$ fs) und einer Repetitionsrate von 76 MHz generiert, welche in einer ersten Verstärkerstufe bei einem achtfachen Durchgang durch das Verstärkermedium verstärkt werden. Mittels einer Pockelszelle wird die Repetitionsrate auf 10 Hz reduziert und die Pulse erneut durch die acht-Durchgangs-Verstärkerstufe verstärkt. Eine erste Pulsreinigung mittels eines sättigbaren Absorbers (SA) [155] findet noch vor dem Gitterstrecker

---
[2]Hersteller: Amplitude Technologies

3.1. DAS LASERSYSTEM JETI

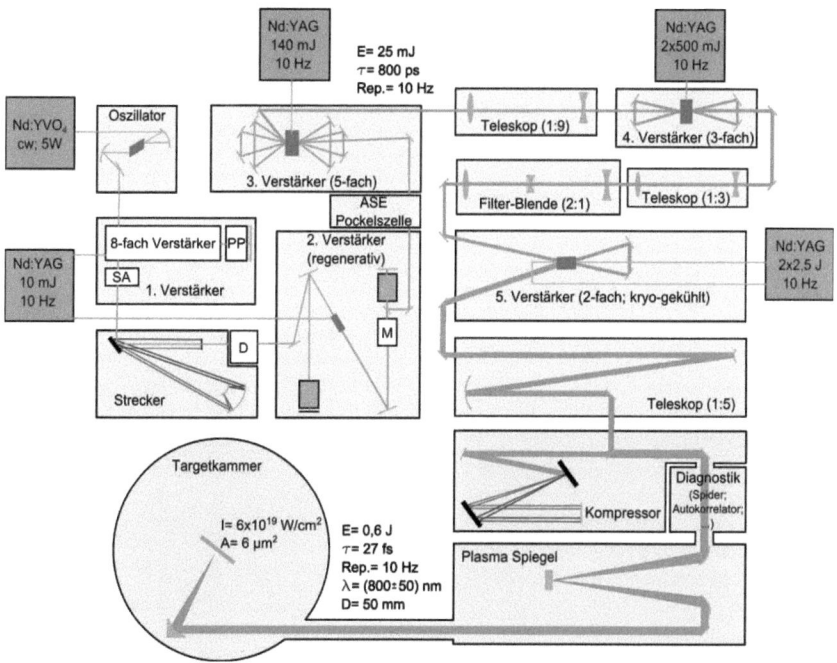

Abbildung 3.2.: *Skizze des JETI-Lasers, ein auf Ti:Saphir-Verstärkern beruhendes CPA-System. Erreicht werden Intensitäten von $6 \cdot 10^{19}$ W/cm^2.*

statt. Die Pulsdauer wird im Strecker um circa einen Faktor 1000 auf 80 ps gestreckt, wobei das Spektrum mittels eines akusto-optisch steuerbaren Dispersionsfilters (engl. Acousto-Optic Programmable Dispersive Filter (AOPDF)[3]) [156] beeinflusst wird. Dieser erlaubt eine Vorkompensation der Dispersionseffekte, welchen der Puls im gesamten System unterliegt. Dabei wird mittels einer aktiven Regelung nach dem Einschalten des Systems die finale Pulsdauer und die Phase hinter dem Kompressor gemessen und mittels des AOPDF optimiert. Im sich anschließenden regenerativen Verstärker wird der Puls bis zur Sättigung verstärkt, was bei ca. 1 mJ der Fall ist. Außerdem wird das Spektrum mittels eines akusto-optisch steuerbaren Verstärkungsfilters (Acousto-Optic Programmable Gain Control Filter (AOPGCF)[4]) [157] so vorgeformt, dass eine gleichmäßige spektrale Verstärkung möglich ist. Durch die höhere Verstärkung des Pulses in der Nähe der Zentralwellenlänge des Verstärkungsmediums ($\lambda_{\text{TiSa,Zentral}} = 780 - 790$ nm) kommt es zu einer Überhöhung in diesem Bereich, wohingegen die Flanken schwächer verstärkt werden. Um diesem Effekt der spektralen Einengung (engl. gain narrowing) [158] vorzubeugen, wird die Verstärkung dieses Spektralbereiches aktiv vorkompensiert. Eine abschließende Pulsreinigung mittels einer schnellen Pockelszelle unterdrückt die von den Verstärkern spontan

---
[3]Fastlite/Amplitude Technologies: Dazzler®
[4]Fastlite/Amplitude Technologies: Mazzler®

emittierte Laserstrahlung (vgl. Kapitel B) auf einer Nanosekunden Zeitskala. Nach der dritten Verstärkerstufe, einem fünffachen Durchgang, hat der Puls eine Energie von 25 mJ. Der Geometrie des Aufbaus wegen heißt die verwendete Architektur des Verstärkers „bow-tie" (engl.: Querbinder/Fliege) [159], und wird vor einer weiteren Verstärkung mit einem Teleskops aufgeweitet, um die Flächenleistung unter der Zerstörschwelle der Optiken zu gewährleisten.
Hinter der sich anschließenden vorletzten Verstärkerstufe beträgt die Pulsenergie etwa 300 mJ. Bei diese Energie kann der Puls für Justagezwecke in den Experimentaufbauten verwendet werden. Mittels eines einstellbaren optischen Abschwächers am Ende der Verstärkerkette kann die Energie variiert werden. Die folgende letzte Verstärkerstufe wird dabei nicht gepumpt. Diese befindet sich hinter einem weiteren Aufweitungsteleskop und dem Durchgang durch eine Lochblende, welche als Raumfilter dient. Dabei handelt es sich um einen kryo-gekühlten Verstärkerkristall der in einem zweifach Durchgang betrieben wird. Wird diese Verstärkerstufe gepumpt, kann eine Maximalenergie von 1,1-1,2 J erreicht werden. An dieser Stelle findet darüber hinaus die kontinuierliche Energiemessung statt welche die Laserenergie angibt. Bevor der Puls mittels eines Gitterkompressors wieder auf Femtosekunden-Zeitskalen komprimiert wird, findet eine erneute Aufweitung auf den im Experiment verwendeten Strahldurchmesser von 6 cm statt. Da die Leistungsdichte des komprimierten Pulses die Luft ionisieren würde, befinden sich der Kompressor und die Strahlführung bis zum Experiment in Vakuum (p=$10^{-5..-6}$ mbar). Der Puls wird auf bis zu 27 fs komprimiert und kann mittels eines Plasmaspiegels von Vorpulsen bereinigt werden, vgl. Kapitel 3.4. Die Möglichkeit der Pulscharakterisierung[5], also die Bestimmung von Pulsdauer, Pulskontrast, Pulsfrontverkippung und Phase ermöglicht eine genaue Spezifizierung der Laserparameter. Die nach der Kompression (η_{Kompress}=70%) und dem Plasmaspiegel (η_{PM}=70%) vorhandene Energie von ungefähr 0,5 J wird im Experimentaufbau mit einer f/2-Goldparabel auf einen Strahlfleck mit der Fläche A_{FWHM}= (6-9) μm^2 fokussiert. Dabei werden etwa 30% der Energie in diesem Fleck deponiert (Abb. 3.9b), was einer Intensität von bis zu $6 \cdot 10^{19}$ W/cm^2 entspricht. Die Bestimmung der meisten Strahlparameter und Effizienzen erfolgt dabei täglich und wurde bei der später beschriebenen Auswertung jeweils berücksichtigt.

3.2. Experimentaufbau

Im Folgenden sollen die beiden verwendeten Experimentaufbauten beschrieben werden. Mithilfe des ersten Aufbaus (Abb 3.3a) wurden die grundlegenden Messungen zum Beschleunigungsprozess durchgeführt. Dabei befinden sich beide Experimentkammern hinter dem Plasmaspiegel, so dass die Laserparameter wie oben beschrieben gegeben sind (E=0,5 J; τ=27 fs; d=6 cm; Kontrast=10^9).
Der Aufbau wurde in einer Kammer mit einem Innendurchmesser von 50 cm realisiert. Der vom Laser ausgehende linear polarisierte Puls kann mithilfe einer Verzögerungsplatte aus Glimmer (d=70 mm) zirkular polarisiert werden, so dass die Polarisation durch Rotieren der Platte zwischen 0% < ϵ < 84% eingestellt werden kann. Mittels einer 45°-Fokussierparabel (engl. off-axis-parabola; OAP) wird der Strahl in die Kammermitte fokussiert. Dort befindet sich das Target auf einem Drei-Achsen-Verschiebetisch, mit einer

---

[5]Amplitude Technologie: Sequioa® bzw. APE: Spider

3.2. EXPERIMENTAUFBAU

räumlichen Auflösung im μm-Bereich, welcher eine reproduzierbare Ansteuerung und Ausrichtung des Targets erlaubt. Bei der Justage des Tisches wird mittels des Rückreflex von Targethalter eine Ausrichtung der Achsen parallel zum einfallenden Laserstrahl verifiziert. Der Targethalter wird mit einer Klemmleiste auf der Verschiebeeinheit befestigt, wobei nach jedem Targetwechsel die Ausrichtung entlang der Achsen mittels einer Mikrometerschraube geprüft wird. Somit kann eine senkrechte Positionierung des Targets auf weniger als 5 μm über die ganze Fläche des Targethalters erreicht werden, was sicherstellt, dass sich alle Targetfolien in der gleichen Ebene befinden. Anstelle des Targethalters kann ein Mikroskopobjektiv zu Justagezwecken eingesetzt werden. Dieser bildet den Fokus auf eine außerhalb der Kammer stehende Kamera ab. In einer Linie mit dem Laser befindet sich eine Thomson-Parabel (siehe Abschnitt 3.3.1) zur Messung der Teilchenenergie in einer separaten Vakuumkammer, mit einer Pumpe und Ventil, so dass diese permanent evakuiert bleibt. Der nötige Enddruck (p=10^{-6} mbar) in der Spektrometerkammer ist dabei etwa eine Größenordnung besser als der Druck in der Targetkammer, was für einen überschlagsfreien Betrieb des empfindlichen Sekundärelektronenvervielfachers (engl. multi-channel-plate (MCP)) nötig ist. Der Druckunterschied kann durch differentielles Pumpen aufrecht erhalten werden.

Eine CCD Kamera (Single-Hit CCD, siehe Abschnitt 3.3.2) zur Detektion von Bremsstrahlung steht unter einem Winkel von 45° auf der Targetrückseite, ebenfalls in einer eigenen Vakuumkammer. Zwischen den Kammern befindet sich eine Luftspalt, wobei beide Kammern Hostaphan®-Folienfenster haben. Zur Diagnose des Targets befindet sich außerhalb der Kammer eine Kamera, welche auf die Position und Ebene des Laserfokus in der Kammer justiert ist. Zur Überprüfung der Targetfolie wird diese seitlich mit einer Weißlichtquelle beleuchtet. Befindet sich die Folie dabei genau im Reflexionswinkel zwischen Quelle und Kamera, kann der Lichtreflex von der Folienoberfläche beobachtet werden, wenn die Folie unbeschadet ist.

Ein zweiter Experimentaufbau (Abb. 3.3b), ursprünglich realisiert von [160] und für das aktuelle Experiment modifiziert, erlaubt in einer größeren Kammer mit einem Innendurchmesser von 80 cm weiterführende Experimente. Der einfallende Laserpuls mit den gleichen Parametern wie im vorangehend beschriebenen Aufbau wird mittels zweier Spiegel auf eine dünne Strahteilerplatte geführt. Der reflektierte Teil - im Folgenden Pump-Puls genannt - enthält dabei 90% der Energie, der transmittierte Anteil - im Folgenden Streu-Puls genannt - die restlichen 10%. In den Strahlengang des Pump-Pulses ist erneut die Verzögerungsplatte eingebaut, um die Polarisation zu variieren. Beide Strahlen werden mit Hilfe von 45°-OAP räumlich im gleichen Punkt fokussiert, wobei Blenden es ermöglichen, jeweils einen Strahlengang zu blocken. Mittels zweier Mikroskopobjektive, welche von oben in den Strahlengang gefahren werden können, werden die Foki nach der Laserjustage optimiert. Die OAP des Streu-Pulses hat ein 3mm-Loch in Vorwärtsrichtung, durch welches Ionen und Photonen in Richtung der Thomson-Parabel gelangen können. Zur Messung des optischen Rückstreu-Spektrums des Streu-Pulses ist ein optisches Spektrometer (siehe Abschnitt 3.3.3) vorhanden, welches zwei Spektren unter 0° bzw. 45° aufzeichnet. Durch Vergleich der beiden Spektren soll so eine Aussage über das Rückstreu-Spektrum gemacht werden (vgl. Kapitel 4.6). Ein weiteres Spektrometer im Wellenlängenbereich 2 nm $< \lambda <$ 50 nm zur Plasmadiagnostik, befindet sich an der Kammerwand ebenfalls unter einem Winkel von 45° zum Target. Dieses lieferte für die Messung keine relevanten Daten, wurde jedoch zur Justage beider Laserpulse benötigt. Gegenüberliegend ist die Single-Hit CCD auf der Seite des Pump-Pulses auf das Target ausgerichtet. Mittels eines weiter vorn in der Strahlführung ausgekoppelten Diagnose-Pulses, welcher durch eine Verzögerungsstrecke zeitlich variiert werden kann, kann eine Zeitreferenz in der Kammer geschaffen werden. Durch einen Schattenwurf des entstehenden Plasmas lässt sich ein zeitlicher Überlapp der beiden Pulse bis auf etwa ±15 fs erreichen. Hierzu kann die Strahlteilerplatte parallel verfahren werden, was den Weg des Pump-Puls verändert ohne einen Strahlversatz zu verursachen. Das Target wird erneut auf einem Drei-Achsen-Verschiebetisch positioniert, so dass eine senkrechte Positionierung zu den beiden Laserstrahlen möglich ist.

3.2. EXPERIMENTAUFBAU

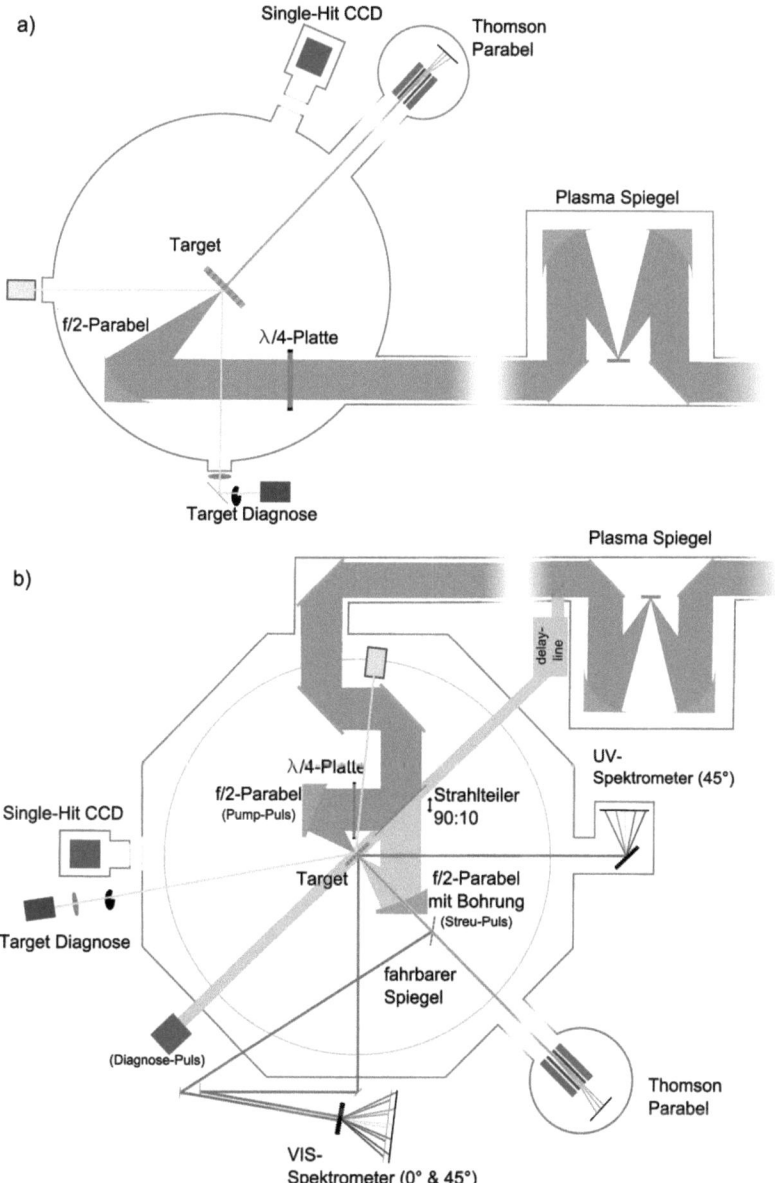

Abbildung 3.3.: *Skizzen der verwendeten Targetaufbauten. a) In diesem Aufbau wurde die Ionen-Beschleunigung und die Messung eines zur erzeugten Strahlung proportionalen Signals realisiert. b) Darauf aufbauend wurden in einem zweiten Schritt mittels eines schwächeren, gegenläufigen Streu-Pulses zeitaufgelöste Untersuchungen zur Unterdrückung des TNSA-Prozesses sowie zur Thomson-Rückstreuung gemacht.*

3.3. Diagnostiken

Die im Experiment verwendeten Hauptdiagnostiken sind die Thomson-Parabel zur direkten Energiemessung der beschleunigten Teilchen, sowie eine Single-Hit CCD Kamera zur Messung der erzeugten Strahlung. Ferner wird ein optisches Spektrometer zur Untersuchung des rückgestreuten Spektrums verwendet.

3.3.1. Thomson-Parabel

Die Detektion der beschleunigten Teilchen erfolgt mittels einer Thomson-Parabel [137]. Hierbei durchfliegen die Teilchen ein überlagertes zueinander paralleles elektrisches und magnetisches Feld, welches senkrecht zu ihrer Flugbahn ausgerichtet ist. Dabei werden sie gemäß ihrem Ladungs-zu-Masse-Verhältnis abgelenkt, vgl. Gl. 2.4. Die benutzte Thomson-Parabel befindet sich in Geradeausrichtung 1,2 m hinter dem Target [161]. Mit der verwendeten d=1 mm Bleiblende, was einem Öffnungswinkel $2,88 \cdot 10^{-6}$ sr entspricht, deckt sie für Protonen (C^{6+}) einen Energiebereich von 0,7 MeV<E<10 MeV (0,2 MeV/u<E< 2,5 MeV/u) mit einer Energieauflösung von $\Delta E/E \approx 10\%$ ab.
Die durch räumliche Separation energieaufgelösten Ionen treffen auf eine Doppel-Micro-Channel-Plate (Chevron-MCP) [162]. Dieser ortsauflösende Sekundärelektronenvervielfacher verstärkt das Signal um einen Faktor 10^6. Die Elektronen treffen danach auf einen Fluoreszenz-Schirm (P43; Gd_2O_2S [163]), welcher Fluoreszenzlicht bei einer Wellenlänge von 545 nm emittiert. Dieses wird wiederum mit einer 12-Bit CCD Kamera detektiert und als 1392x1040 Pixel .png-Bild (eng. portable network graphics) abgespeichert ohne das es zu Informationsverlusten kommt. Der Vorteil des vollständig digitalen Prozesses ist die hohe Repetitionsrate im Vergleich zur Nutzung von Image-Plates[6] oder selbst entwickelnden Filmen[7].

3.3.2. Single-Hit CCD Kamera

Zur Detektion der entstehenden Strahlung bei Experimenten mit Hochintensitäts-Lasern reichen bei Targets mit einer Dicke von mehreren μm oder auch Gasen normale Strahlungsdetektoren (Geiger-Müller Zählrohre [165]/ Scintillationszähler [166], etc.), da ein signifikanter Anteil der Energie in die Erzeugung heißer Elektronen übergeht, welche wiederum Bremsstrahlung emittieren [167]. Bei den verwendeten nm dicken Folien ist die Elektronenanzahl jedoch zu gering, um ein messbares Signal in diesen Detektoren zu erzeugen. Daher wurde eine Kamera zur Detektion von Einzelphotonen verwendet. Diese wird so weit von der Kammer entfernt platziert, dass einzelne, nicht nebeneinander liegende Pixel der Kamera von energetischen Photonen angeregt werden. Die verwendete Kamera[8] mit einer hohen Empfindlichkeit für Photonen im Bereich 2-12 keV wird dabei gekühlt, um thermisches Rauschen auf dem Chip zu vermindern. Die gesamte Quanteneffizienzkurve der Kamera und der verwendeten Fensterfolien und Filter (2x100 μm Hostaphan® + 50 μm Beryllium) findet sich in Abb. 3.4. Aufgrund des kleinen messbaren Energiebereiches zwischen 2-40 keV im Verhältnis zu Gesamtspektrum mit Energien bis

---
[6]Fuji: BAS-TR/MS® Image Plates [164]
[7]ISP Technologies: Gafchromic®-Film
[8]Andor Technology: iKon-L DO936N

3.3. DIAGNOSTIKEN

zu mehreren MeV [79, 80] lässt sich nicht auf das Bremsstrahlungspektrum zurückrechnen, wie es etwa in [168] gemacht wird. Dennoch lässt sich eine quantitative Aussage über die erzeugte Strahlungsmenge geben, in dem innerhalb einer Messreihe verglichen werden kann, ob mehr oder weniger Strahlung entsteht. Dazu wird die Anzahl der Ereignisse oberhalb des Untergrundrauschens mit ihrem jeweiligen Bitwert multipliziert und aufaddiert. Das Ergebnis stellt einen Wert dar, welcher proportional zu der auf dem Kamera-Chip deponierten Energie ist.

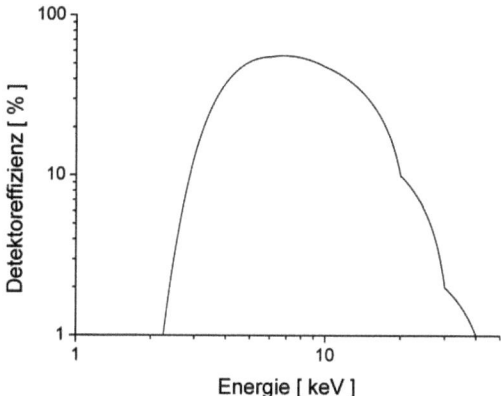

Abbildung 3.4.: *Quanteneffizienz der verwendeten Single-Hit-CCD Kamera unter Berücksichtigung der verwendeten Filter und Vakuumfenster.*

3.3.3. Optisches Spektrometer

Für die Untersuchung des Spektrums des am Targets reflektierten Streu-Pulses wurde ein optisches Spektrometer für den Wellenlängenbereich 350 nm $< \lambda <$ 850 nm aufgebaut. Dieses erlaubt eine Messung des Spektrums in zwei Richtungen. In Geradeausrichtung, also einer Linie mit der Thomson-Parabel und der Flugbahn der gemessenen Teilchen, kann mit einem einfahrbaren Spiegel das rückgestreute Licht des Streupulses detektiert werden. Dieser Messarm wird im Folgenden als Signal bezeichnet. Als Referenz dazu wird unter einem Winkel von 45° zur Targetrückseite ein Spektrum gemessen. Beide Strahlengänge bilden unter Zuhilfenahme einer angepassten Linsenoptik ein abbildendes Spektrometer; d.h. neben der wellenlängenabhängigen Dispersion in einem 300 Linien/mm Transmissionsgitter wird das transversale Strahlprofil abgebildet. Somit liefert das Spektrometer neben dem Spektrum auch eine Information über die Quellgröße. Beide Strahlengänge werden räumlich überlagert und auf einer Kamera[9] gemeinsam abgebildet. Somit ist eine direkte Referenzmessung gegeben. Zur Unterdrückung des fundamentalem Laserlichts wurde ein Kantenfilter[10] verwendet.

---

[9] Andor Technology: Newton DO940P
[10] Optische Dichte: T$<10^{-3...-4}$ für 750 nm$<\lambda_{\text{Cut}}<$935 nm

3.4. Plasmaspiegel und Kontrast

Die Nutzung von ultra-dünnen Targets, wie sie in den beschriebenen Experimenten verwendet wurden, setzt spezielle Anforderungen an den Kontrast des Laserpulses. Der Kontrast ist ein Maß für den zeitlichen Verlauf der Intensität. Durch interne Reflexionen im Lasersystem und spontane Emission kann ein Teil der Laserenergie auf einer ps-Skala zeitlich vor bzw. hinter dem Haupt-Puls liegen und somit vor bzw. nach dem eigentlichen Puls mit dem Target interagieren. Zur Beschreibung des Kontrastes wird die Intensität des Haupt-Pulses ($I=6 \cdot 10^{19}$ W/cm^2) auf den Wert 1 normiert. Ionisation und damit die Zerstörung der dünnen Folien beginnt bereits bei Intensitäten von $10^{10..11}$ W/cm^2 (vgl. Kap. 2.1.2), so dass die Unterdrückung insbesondere der Vorpulse besser als $10^{-9..-10}$ sein muss, damit das Target unbeschädigt mit dem Haupt-Puls interagieren kann.

Die Messung des Kontrastes findet mittels 3. Ordnung Vergleichskorrelation statt. Dabei wird der Puls mit Hilfe eines Strahlteilers in zwei Teile aufgeteilt, ein Teil frequenzverdoppelt, anschließend wieder überlagert und dabei frequenzverdreifacht. Durch variable Laufzeitwege kann so ein Intensitätsprofil mit einem dynamischen Bereich von bis zu 10^{10} und einer Auflösung von wenigen Femtosekunden aufgenommen werden [169, 170].

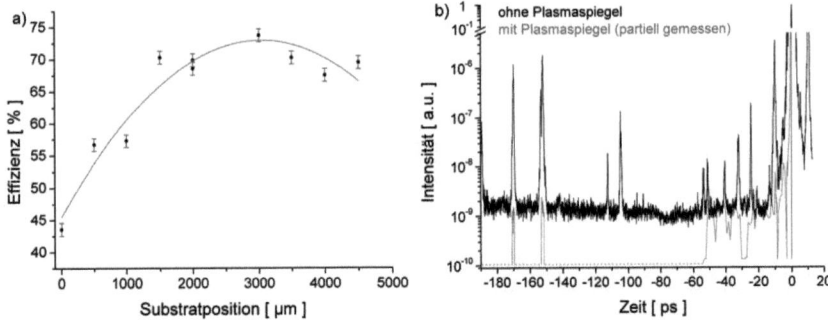

Abbildung 3.5.: a) Bestimmung der Effizienz des Plasmaspiegels (PM) in Abhängigkeit der Substratposition. Die angepasste Kurve gibt eine maximale Effizienz des PM von etwa 70% wieder. b) Messung des Laserkontrastes ohne und mit Plasmaspiegel. Messungen mit dem PM wurden nur an den Stellen durchgeführt an denen Vorpulse austraten. Es lässt sich eine Kontrastverbesserung um einen Faktor 1000 feststellen.

Der Kontrast des JETI Lasers auf einer Zeitskala von 200 ps liegt im Bereich von 10^{-9} mit mehreren Vorpulsen im Bereich bis 10^{-6}. Vorexperimente bestätigten dabei, dass der Kontrast nicht ausreichend für Folien im nm-Bereich ist. Eine Möglichkeit den Kontrast zu erhöhen ist die Nutzung eines Plasmaspiegels (engl. plasma-mirror (PM)) [171]. Dabei wird der Laser auf ein Substratmaterial fokussiert, welches außerhalb des Fokus steht, so dass eine maximale Oberflächenintensität von etwa 10^{16} W/cm^2 erreicht wird. Unterhalb der Ionisationsschwelle absorbiert das Substrat alle Vorpulse. Wird die Ionisationsschwelle erreicht, entsteht ein Plasma, welches in der Tiefe der kritischen Dichte eine hohe Reflexivität hat und somit alle späteren Pulse reflektiert, solange das Plasma aufrecht erhalten wird. Die reflektierten Pulse werden auf die ursprüngliche Größe rekollimiert. Der an JETI

3.5. TARGETS

verwendete PM [172] nutzt ein Antireflexbeschichtetes Glassubstrat, mit einer Restreflektivität von 10^{-4} und einer Plasmaschwelle von ca. 10^{13} W/cm². Messungen zeigen, dass der der Kontrast um ungefähr einen Faktor 1000 verbessert werden konnte, was einem Gesamtkontrast von circa 10^9 entspricht (siehe Abb. 3.5b). Der PM kann mittels zweier Spiegel in den Strahlengang integriert werden, wobei eine automatisierte Ansteuerung das Substrat nach jedem Schuss bewegt und mehrere 1000 Schüsse ohne Wechsel ermöglicht. Durch Optimierung des PM vor dem Experiment wurde eine Effizienz von η_{PM}=70% erreicht.

Ein weiterer Vorteil des PM ist der Schutz des Lasersystems vor Rückreflexen. Das Plasma, welches auf dem Spiegel gebildet wird, bleibt für ca. $\tau_{Plasma} = 20$ ps stabil bestehen [173]. Dies entspricht einer Lichtlaufstrecke von $\tau_{Plasma} \cdot c = 6$ cm. Die Wegstrecke zwischen PM und Targetkammer beträgt ca. 5 m, so dass ein dort entstehender Rückreflex nicht mehr bis in das Lasersystem zurück gelangen kann, sondern an dieser Stelle absorbiert wird. Dennoch kann der Rückreflex eines Targets, wenn dies hinter dem Fokus steht, wegen der Refokussierung durch die Parabel zu einer Beschädigung der Optiken zwischen Experimentkammer und PM führen, da dort durchaus hohe Intensitäten von $>10^{12}$ W/cm² auftreten können, wenn der Zwischenfokus in der Nähe einer vorhandenen Optik liegt. Eine Abschätzung der Refokussierung ergibt einen erlaubten Bereich von maximal 150 μm den das Target hinter den Fokus gefahren werden kann.

3.5. Targets

Neben den hohen Ansprüchen an das Lasersystem gilt gleiches auch für die verwendeten Targets. Wie in Kapitel 2.4.2 erläutert, müssen diese, um vom Laser homogen beschleunigt zu werden, entweder sehr dünn sein oder eine sehr niedrige Elektronendichte haben (vgl. Gl. 2.47).

Ein Ansatz zur Erzeugung von Targets mit niedriger Elektronendichte (Festkörperdichte. $n_e \approx 10^{23}$ e/cm³) ist die Verwendung von Schaumtargets [174], wie sie z.B. für die Erzeugung von homogenen Laserplasmen verwendet werden [175]. Auf diesem Wege lassen sich Targets herstellen, welche Dichten kleiner $n_e = 10^{21}$ e/cm³ haben. Dies ist zwar möglich, jedoch liegt der Nachteil u.a. in der Inhomogenität des Schaums auf μm-Skalen, der schlechten Reproduzierbarkeit und der sehr kosten- und zeitintensiven Herstellung. Die Bedingung aus Gleichung 2.47 bei beibehaltener Festkörperdichte der Elektronen, resultiert in typischen Dickenanforderungen an das Target, von (2-30) nm - etwa 1/10 des Durchmessers eines Grippevirus, oder dem 1/10.000 des durchschnittlichen Haardurchmessers beim Menschen. Dabei müssen diese ebenfalls reproduzierbar und in größeren Stückzahlen herzustellen sein.
Im Rahmen dieser Arbeit wurde mit diesem Extrem der Targetherstellung gearbeitet und neben der bisher einzig bekannten Möglichkeit der Herstellung ultra-dünner Targets eine neue Methode basierend auf einem Polymer-Film entwickelt und als Patent angemeldet.

3.5.1. Folien aus diamantartigem Kohlenstoff

Erst in den letzten Jahren wurde es möglich, Folien auf der Basis von diamantartigem Kohlenstoff (engl. diamond-like-carbon (DLC)) zu erzeugen. Kohlenstoff in der Struktur von Graphit bildet ein hexagonales Kristallgitter, auch sp^2-Struktur genannt. In der Diamant-Struktur hingegen bildet sich ein tetraedrisches Kristallgitter, auch sp^3-Struktur genannt [176]. In diamantartigem Kohlenstoff liegt eine Mischung beider Strukturen vor. Es wurde gezeigt, dass bereits kleine prozentuale Anteile von sp^3 strukturiertem Kohlenstoff die mechanische Stabilität der ganzen Folie drastisch erhöht [177, 178]. Die Herstellung der Schichten erfolgt durch die Verdampfung von Kohlenstoff und die homogene Ablagerung auf einer Oberfläche (engl. chemical-vapour-deposition (CVD)). Besonders hohe sp^3-Anteile erhält man, wenn die Oberfläche auf der die Schicht aufwächst ebenfalls eine diamantartige Kristallstruktur aufweist, wie es z.b. bei Silizium der Fall ist. In diesem Fall können sich die anlagernden Atome in das Kristallgitter einfügen, wenn ihre kinetische Energie so gewählt ist, dass sie zur Bindungsenergie des Kristallgitters passt. Hierfür wird insbesondere die Verdampfung mit gepulsten Lasern verwendet. Am Ende des Bedampfungsprozesses wird das Silizium weggeätzt und übrig bleibt die freitragende Diamantschicht. Ein weniger aufwändiges Verfahren ist die Abscheidung auf einem, mit einer Trennschicht versehenen, Substrat. Hierbei lagern sich die Atome willkürlich ab, so dass ein Großteil in die energetisch günstigere sp^2 Struktur übergeht. Dennoch bildet der Kohlenstoff bereits ab wenigen Nanometern Dicke eine geschlossene Schicht. Nach der Bedampfung wird die Folie mehrere Stunden in einem Ofen getempert um entstandene Spannungen abzubauen. Die Trennschicht, zumeist eine vorher aufgetragene und getrocknete Saccharose-Schicht[11], dient zur Ablösung des entstandenen Kohlenstoff-Folie. In einem Wasserbad löst sich die Saccharose Schicht auf und die Folie löst sich vom Substrat. Bedampfte Substrate können kommerziell erworben werden und wurden testweise verwendet[12]. Bei Schichtdicken von 2-20 nm gibt der Hersteller eine Dickentoleranz von 10-20% an [179, 180]. Die Lieferung erfolgt auf dem Substrat, so dass die Folien vor Ort abgelöst und auf einen Targetrahmen aufgebracht werden müssen. Es wurde festgestellt, dass die Folien auf dem Substrat in Folge der hygroskopischen Eigenschaften der Trennschicht nur bedingt haltbar sind und sich nach ein paar Monaten Lagerung nicht mehr in einem Stück ablösen lassen.

Um die Elektronendichte der Folie abschätzen zu können, muss das Verhältnis von sp^2/sp^3-Struktur bestimmt werden; der sp^3-Anteil wurde vom Hersteller nicht bestimmt und wird lediglich als „gering" angegeben. In Anbetracht der sehr dünnen Schichtdicke wurden hierzu zwei unterschiedliche Verfahren verwendet. Mittels Elektronenenergieverlustspektroskopie (engl. electron-energy-loss spectroscopie (EELS)) lässt sich die Struktur anhand des Energiespektrums eines durch die Folie transmittierten monoenergetischen Elektronenstrahls bestimmen [181–183]. Mittels Raman-Spektroskopie lassen sich anhand des rückgestreuten, frequenzveränderten Spektrums einer monochromatischen Lichtquelle Aussagen über die Materialeigenschaft machen. Ein Nachteil beider Methoden besteht in der rein quantitativen Aussage. Es wird in beiden Fällen eine Vergleichsmessung mit einer reinen sp^2 und einer reinen sp^3 Struktur benötigt. Hierfür wurden Graphit- bzw. Diamantproben hinzugezogen. Die EELS Messungen wurde am Institut für Angewandte Geowissenschaften der TU Darmstadt durchgeführt. Dabei wurde ein sp^3 Anteil von $(8, 1 \pm 0, 1)$ % ermittelt [184]. Eine vergleichende Messung mittels Raman-Spektroskopie[13] wurde zusammen mit der Abteilung Materialforschung der GSI durchgeführt, welche einen

---
[11] $C_{12}H_{22}O_{11}$, Zucker
[12] Firma: μm Micromatter
[13] Horiba Jobin Yvon: Micro-Raman Spectrometer HR 800

3.5. TARGETS

sp^3 Anteil von $< 10\%$, verglichen mit den Resultaten aus [185, 186] ergab. Anhand der Messungen wird der sp^3-Anteil mit 10% angenommen. Daraus resultiert eine Elektronendichte von $n_{e,\,\text{DLC}} = 7{,}2 \cdot 10^{23}\,\text{e}/\text{cm}^3$.

3.5.2. Folien aus Polymer

Neben den im vorangegangenen Abschnitt beschriebenen DLC Folien wurde eine Entwicklung hin zu den in Kapitel 2.4.5 beschriebenen Mehr-Ionen Sorten-Targets gemacht. Idealerweise sollten diese Targets aus zwei Komponenten mit deutlich unterschiedlichen Massen bestehen und ebenfalls in Dicken von wenigen nm herstellbar sein. Eine Klasse von in Frage kommenden Stoffen sind organische Polymere, also Molekülketten aus vielen identischen Grundbausteinen (Monomere).
Versuche dünne Folien auf Grundlage von Polymeren durch Spin-Coating [187] herzustellen sind in ihrer Schichtdicke typischerweise auf mehrere 10 nm begrenzt, was jedoch für ihre Anwendung als Trägerfilm in der Elektronenmikroskopie ausreicht, als Target aber zu dick ist. In Zusammenarbeit mit dem Fraunhofer Institut für Grenzflächen und Bioverfahrenstechnik wurden Versuche zur Abscheidung eines dünnen Polymer-Filmes per pyrolytischer CVD durchgeführt und der Prozess als patentiertes Verfahren angemeldet [188]. Das verwendete Ausgangsmaterial ist ein fluorhaltiges Dimer aus der Gruppe der Parylene mit der Summenformel $[(C_8H_6F_2)_2]$. Die Gruppe der Parylene zeichnet sich durch inerte, hydrophobe und optisch transparente Eigenschaften aus. Sie umfasst mehrere Stoffe auf der Grundlage halogenierter Derivate von p-Xylol [189]. Das verwendete Parylen ist unter dem Handelsnamen Parylen dixF®[14] bekannt. Das Abscheideschema folgt aus Abb. 3.6. In einem Ofen wird das Ausgangs-Dimer (1,1,9,9-tetrafluoro-[2,2]paracyclophan) unter Vakuum verdampft und infolge eines Druckgradienten, durch differentielles Pumpen durch die Anlage geleitet. In der Pyrolyse-Zone tritt eine thermolytische Spaltung des Dimeres in zwei Monomere auf, welche infolge fehlender Elektronenpaare Radikale bilden. In der Abscheidekammer lagern sich die Monomere zu langen Polymerketten auf allen Oberflächen ab.
Die ursprüngliche Anwendung der Parylene liegt im Bereich von Beschichtungen [190]. Durch die gute Anhaftung und hohe Inhärenz gegen Fremdstoffe bei gleichzeitiger Bioverträglichkeit werden mechanisch besonders belastete Teile, empfindliche elektronische Komponenten, aber auch Medizinprodukte (z.B. Herzschrittmacher oder Gefäßstützen (engl. stents)) mit Parylenen beschichtet. Sie bilden bereits im sub-nm-Bereich geschlossene Schichten aus. Die Polymerbildung und damit die Schichtdicke wächst solange homogen an, bis keine Monomere mehr zur Verfügung stehen. Um die gebildete Schicht ablösen zu können, wurden verschiedene Trennmittel erprobt. Neben Saccharose wurde Cäsiumiodid (CsI), eine dünne Kupfer-Folie, sowie verschiedene Geschirrspülmittel getestet. Die besten Resultate durch Ablösen in einem Wasserbad wurden mit dem Geschirrspülmittel CremeCot® erreicht, welches mit einem Tuch auf eine Glasplatte gerieben wurde. Die Abscheidung erfolgt in einer Beschichtungsmaschine[15] in der bis zu 40 Substrate gleichzeitig beschichtet werden konnten. Um eine noch gleichmäßigere Ausbildung der Beschichtung zu erreichen, wurden die Oberfläche nach dem Einbau in die Anlage, zunächst mit einem Wasserstoff-Plasma ($p_{(H_2)} = 100$ mbar; $\nu = 13{,}56$ MHz; I=100 W;

---
[14]Daisan Kasei Co. Ltd., Japan
[15]SCS:Labcoter PDS 2010 (modifiziert)

KAPITEL 3. EXPERIMENTELLE AUFBAUTEN

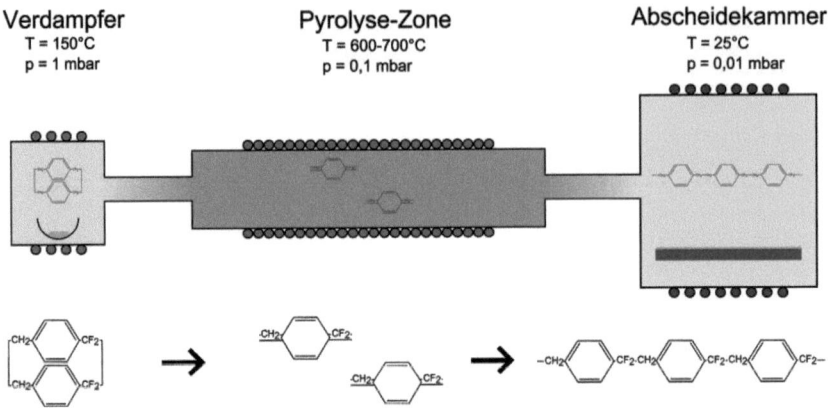

Abbildung 3.6.: *Erzeugung der Parylen-Folie durch chemische Gasphasenabscheidung.*

t=120 s) aktiviert. Nach der Beschichtung wurden die Substrate unter Schutzgas gelagert. Analog zu den DLC-Folien erfolgt die Abscheidung durch Abfluten im Wasserbad. Dabei wurde festgestellt, dass Parylen deutlich einfacher abzulösen ist, da auch dünne Schichten in Folge von Quervernetzungen eine hohe Stabilität besitzen. Wegen der hydrophoben Eigenschaft der Parylene sind die Folien auf dem Substrat deutlich länger haltbar. Über die Dichte von ρ=1,32 g/cm^3 und die Summenformel errechnet sich eine Elektronendichte von $n_{e,\,Par.} = 4{,}1 \cdot 10^{23}$ e/cm^3. Die Bestimmung der Schichtdicke erfolgt mittels Ellipsometrie[16] [191,192] auf einem Siliziumträger, auf welchen Proben der fertige Folie aufgezogen werden. Die im Experiment hauptsächlich verwendeten Folien haben eine Dicke von (15 ± 1) nm [193].

3.5.3. Aufbau der Targets

Die Halterung der Targetfolien im Experiment erfolgt auf einem Messing-Träger der Größe (62 x 55 x 5) mm, in welchen in rechteckiger Anordnung (19 x 21) Löcher mit einem Durchmesser von 1 mm gebohrt wurden. Die Vorderseite wurde nach dem Bohren plan überfräst und die entstandene Oberfläche mittels Schleif- und Polierpapier von Riefen befreit. Die hohe Oberflächengüte ist von Vorteil um die Folien, welche durch reine Adhäsion anhaften, nicht durch scharfe Kanten zu zerstören. Auf der Rückseite des Messing-Trägers wurde jedes Loch mit einem konischen Bohrer bis auf eine Tiefe von 4,5 mm aufgebohrt. Die entstandene Wabenstruktur, welche an den Löchern nur 0,5 mm dick ist, ermöglicht es zum einen, die Rückseite des Targets auch unter einem Winkel zu beobachten. Ein weiterer Vorteil der dünnen Wandstärke besteht darin, eine etwaige Störung des Beschleunigungsprozesses durch Induktionsströme des Laserfeldes im Messing-Träger zu unterdrücken. Die Träger werden vor dem Aufziehen der Folie mechanisch und chemisch gereinigt - durch Abspülen und der Behandlung mit Aceton in einem Ultraschallbad - um sie von Partikeln und Fett zu befreien. Das Aufbringen der Targetfolien erfolgt in einem Wasserbad (Abb.

---

[16]Sentech: SE801

3.5. TARGETS

3.7). Der Träger wird unterhalb der Wasseroberfläche unter der schwimmenden Folie positioniert und dann langsam senkrecht zur Folie aus dem Wasser gezogen. Dabei haftet die Folie an den Messing-Trägern. Der gesamte Träger wird senkrecht stehend an Luft getrocknet, wobei sich besonders die DLC-Folie etwas zusammenzieht, was infolge der entstehenden Spannung zum Platzen der Folie in einigen Löchern führt. Solange die Folie nass ist, ist sie sehr anfällig gegen mechanische Belastung. Nach dem Trocknen hingegen ist insbesondere die Polymer-Folie in Anbetracht ihrer Dicke sehr stabil und unempfindlich gegen Stöße.

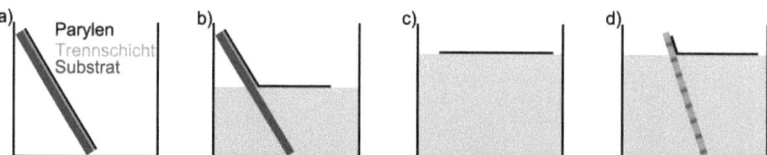

Abbildung 3.7.: *Prozess des Ablösens der Folien in einem Wasserbad. Die Folie löst sich vom Substrat und schwimmt auf der Wasseroberfläche. Dort wird sie auf den Targethalter aufgezogen.*

Das Ablösen der Folien funktioniert dabei am besten bei Wasser und Lufttemperaturen um 20-25°C und niedriger Luftfeuchtigkeit (r_F<30%). Es wurde festgestellt, dass sich die DLC-Folie nach dem Trocknen leicht in die Löcher wölbt. Da die Rayleigh-Länge des Lasers bei etwa 33 µm liegt, wurde gemessen, ob die Einwölbung in allen Löchern konstant ist, bzw. wie groß die Schwankungen sind. Dazu wurden mithilfe eines Profilometers[17] bei einer Probenlast von 0,05-0,5 mg drei Folienlöcher in Reihe abgetastet (Abb. 3.8c/d). Unter der Annahme einer elastischen Deformation lässt sich damit die Nullauslenkung der Folie bestimmen zu (6,1 ± 2,7) µm. Diese Deformation ist kleiner als die Rayleigh-Länge und nur geringen Schwankungen unterlegen. Somit kann für das Experiment angenommen werden, dass sich die Targetfolie immer in einer Ebene befindet. Nach der Nutzung können die Träger gereinigt und erneut verwendet werden. Ein Vorteil der Parylen-Folie ist, dass sie freitragend auf sehr große Flächen aufgezogen werden kann. Dies ist auch für Anwendungen außerhalb der hier vorgestellten Physik interessant, vgl. Abb. 3.8b.

---

[17] Veeco Instruments/Brusker ASX: Dektak 8

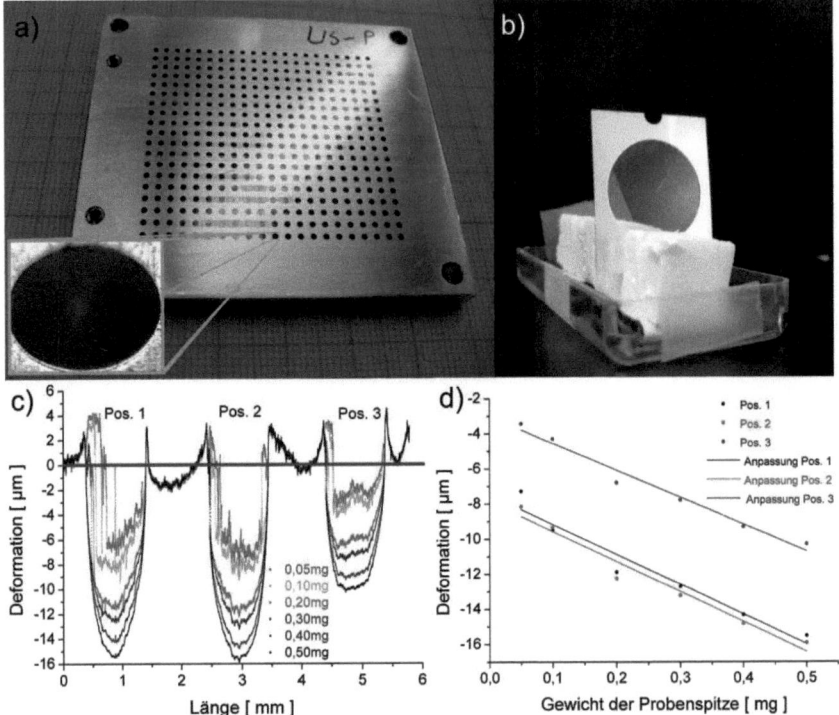

Abbildung 3.8.: *a) Targethalter mit 15 nm Parylen-Folie. b) Targetfolie freitragend auf 20 mm Halter. c) Ergebnisse der profilometrischen Vermessung einer 5 nm DLC-Folie auf dem Halter bei drei nebeneinander liegenden Löchern für verschiedene Lasten der Probenadel. d) Unter der Annahme einer elastischen Deformation lässt sich die Auslenkung ohne Last auf ungefähr* $(6{,}1 \pm 2{,}7)\,\mu m$ *abschätzen.*

3.6. Justage

Das Lasersystem JETI wird im Nutzerbetrieb zur Schonung der Laserkomponenten, hier insbesondere der Blitzlampen in den Pumplasern, nach den Messungen abgeschaltet. Nach dem Einschalten stellt sich binnen 30 bis 60 Minuten ein thermisches Gleichgewicht ein. Jedoch muss die Strahlführung bzw. die Pulsdauer mit den Kompressor-Gittern gegebenenfalls nachjustiert werden. Dies führt zu einem Versatz des Laserstrahls am Experimentplatz, so dass der Aufbau jeden Tag neu justiert werden muss. Dazu wird der Strahl unter Zuhilfenahme von Blenden mittig auf die OAPs gelegt. Die Justage erfolgt bei niedrigen Energien mittels der Abbildung durch Mikroskopobjektive. Zunächst wird durch Verkippung der Parabel in zwei Raumrichtungen der Astigmatismus korrigiert. Der durch die Verkippung eingebrachte Strahlversatz wurde durch Translation der Parabeln kompensiert. Mittels dieses iterativen Verfahrens wurde ein möglichst homogener runder Fokus eingestellt.

3.6.1. Bestimmung der Leistungsdichte

In einem nächsten Schritt wurde täglich der Fokus sowie das Strahlprofil vor und hinter dem Fokus charakterisiert. Diese Information fließt in die Berechnung der Intensität ein. Mittels der Target-, bzw. Diagnosepositionierung wurde das Mikroskopobjektiv bei niedriger Laserintensität longitudinal zur Strahlrichtung verfahren und so mit Einzelbildern ein Strahlprofil aufgenommen. Mithilfe der Abbildung einer Gittermaske lässt sich ein Skalierung des Kamerabildes realisieren. Die aufgenommenen Einzelbilder wurden mit Hilfe der Bildverarbeitungssoftware ImageJ® ausgewertet, welche Profile und Flächen in Abhängigkeit des Bitwertes bestimmen kann. Aus den Bildern lässt sich damit die Fokusgröße A_0 (FWHM) und der Füllfaktor η_q (FWHM) der innerhalb dieser Fläche deponierten Energie bestimmen. Abbildung 3.9 zeigt das gemessene Strahlprofil in z-Richtung und das theoretische Profil eines Gaußstrahls mit gleicher minimaler Fokusgröße, gemäß der Relation [3]:

$$A(z) = A_0 \cdot \left(1 + \left(\frac{z \cdot \lambda_\mathrm{L}}{A_0}\right)^2\right). \tag{3.2}$$

Wie der Vergleich zwischen den theoretischen und den gemessen Werten für die Größe des Strahlflecks zeigt, unterscheiden diese sich in der Nähe des Fokus, dem relevanten Bereich, um weniger als einen Faktor zwei. Zum Vergleich liegt die Rayleigh-Länge, in der die Intensität infolge der Aufweitung um einen Faktor zwei abnimmt, bei $33\,\mu\mathrm{m}$. Somit wurde zur Berechnung der Intensität anhand der Position und Größe des minimalen Fokusdurchmessers auf die Werte an anderen Positionen zurückgerechnet.
Mit der Information der Fokusgröße und der gemessenen Energie E_L am Ende der Verstärkerkette, lässt sich die Intensität an jeder Stelle entlang des Profils berechnen durch:

$$I_\mathrm{L}(z) = \frac{E_L \cdot \eta_\mathrm{Kompress} \cdot \eta_\mathrm{PM} \cdot \eta_\mathrm{q}}{\tau_\mathrm{L} \cdot A(z)}. \tag{3.3}$$

mit den zuvor bereits bestimmten Effizienzen von Kompressor ($\eta_\mathrm{Kompressor}$), Plasmaspiegel (η_PM) und Füllfaktor (η_q).

KAPITEL 3. EXPERIMENTELLE AUFBAUTEN

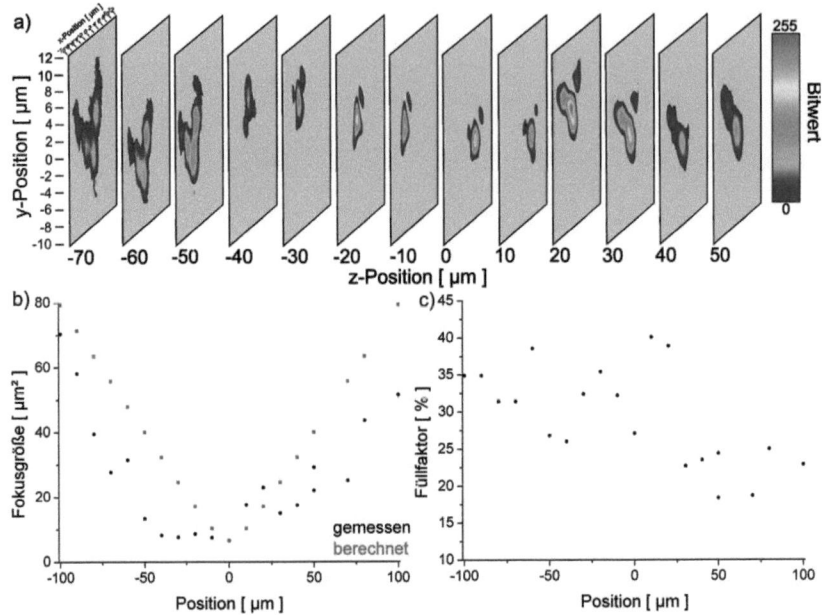

Abbildung 3.9.: *a) Querschnitt durch das Strahlprofil. b) Gemessene Strahlgröße (FWHM) im Vergleich zur theoretischen Größe eines Gaußstrahls mit gleichem minimalen Fokusdurchmesser. c) Berechnung des Füllfaktors in Abhängigkeit der Position.*

3.6.2. Targeteinbau und Feinjustage

Nach dem Einbau des Targets wurde dieses mittels optischer Diagnostik im Fokus positioniert. Mit einer Kamera wurde der Strahlfleck auf der Vorderseite des Targethalters beobachtet und per Augenmaß auf die kleinstmögliche Strahlgröße minimiert. Diese Methode erlaubt eine Positionierung bis auf $(100\text{-}200)\,\mu\text{m}$ relativ zum Fokus. Im Anschluss wurde mittels des Protonenspektrums die Fokusposition optimiert. Über den in der TNSA-Beschleunigung gültigen Zusammenhang zwischen Teilchenenergie und Laserintensität $(E_{\text{Cut}} \propto \sqrt{I_L})$ (Gl. 2.39) [102] kann folglich die maximale Teilchenenergie im Fokus beobachtet werden, und ist vor und hinter dieser Position abnehmend. Ein Abrastern der Fokusposition wurde durchgeführt, wobei in Richtung hinter dem Fokus nur ein sehr kleiner Bereich gemessen wurde, um eine Beschädigung der Optik durch Rückstreuung, wie in Kapitel 3.4 beschrieben, zu verhindern. Mit dieser Methode ist die Fokusposition bis auf weniger als $10\,\mu\text{m}$ genau bestimmbar.

3.6. JUSTAGE

3.6.3. Präzise Kontrastbestimmung

Als eine der ersten Folien wurde eine 2 nm dünne DLC-Folien verwendet, welche die dünnste der für das Experiment vorhandenen Folien ist. Diese wird gleichzeitig als wichtiger Indikator für den tatsächlich erreichten Kontrast auf der gesamten Zeitskala verwendet. Ist der Laserkontrast im Fokus nicht hoch genug, so dass ein Vorplasma entsteht, welches die Folie zerstört, kann sich kein TNSA Prozess etablieren. Bei einem Abrastern des Fokus wird in diesem Fall eine Zunahme der Teilchenenergie bis zum Erreichen der Vorplasmaschwelle beobachtet (Abb. 3.10). Danach bricht das Signal abrupt ab. Erst hinter dem Fokus und somit unterhalb der Vorplasmaschwelle ist wieder ein Spektrum messbar. Dieser Prozess konnte bei Vorversuchen ohne Plasmaspiegel bereits ab Foliendicken von 1-2 μm (Titan-Folie) beobachtet werden. Bei Verwendung des Plasmaspiegels ist das Spektrum durchgängig messbar, so dass der Kontrast als hinreichend betrachtet wird.

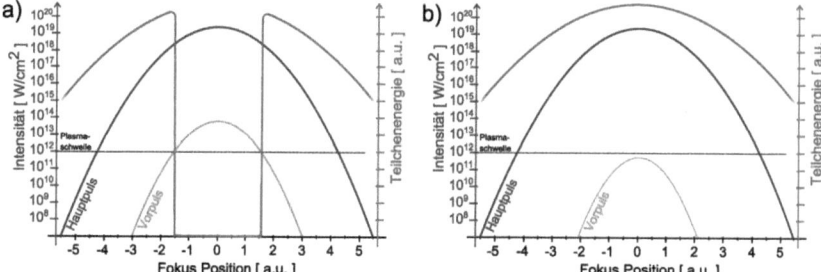

Abbildung 3.10.: *Skizzierter Verlauf des Energiesignals bei einem longitudinalen Abrastern der Fokusposition, abhängig vom Laserkontrast. a) Ist der Laserkontrast nicht hinreichend, so dass bereits die Intensität im Vorpuls über der Plasmaschwelle von $10^{11..12}$ W/cm^2 liegt, führt dies zu einer Plasmabildung auf der Targetfolie. Das Energiesignal bricht ein und wird erst wieder auf der anderen Seite des Fokus beim Unterschreiten der Plasmaschwelle sichtbar. b) Bei hinreichendem Kontrast ist das Energiesignal durchgängig messbar.*

4. Datennahme und Verarbeitung

In diesem Kapitel werden die Ergebnisse der Strahlzeit in den beiden unterschiedlichen Experimentaufbauten aufgezeigt und die Daten aufbereitet. Dabei liegt das Hauptaugenmerk auf der Untersuchung der Energiespektren, welche mittels der Thomson-Parabel aufgenommen wurden, sowie deren Abhängigkeit von verschiedenen Parametern, wie Intensität, Foliendicke, Polarisation und der Verzögerung des Streu-Pulses. Zuletzt wird noch auf das gemessene optische Rückstreu-Spektrum eingegangen, welches im zweiten Experimentaufbau charakterisiert wurde. Die zur Dosis korrelierten Daten der Single-Hit-CCD Kamera werden parallel zu den Spektren akquiriert und in einem späteren Schritt mit diesen verglichen.

4.1. Messablauf

Der Ablauf einer Messung erfolgte immer nach dem gleichen Schema. Nach dem Einbau wurde, zur Bestimmung der Fokusposition, wie in Kapitel 3.6.2 beschrieben, das Target longitudinal zur Strahlrichtung verfahren. Dabei wurde bei linearer Polarisation des Laserpulses eine Messung der Teilchenenergien an unterschiedlichen Positionen vor und hinter dem Fokus aufgezeichnet. Hierbei wurde die Richtung hinter dem Fokus nicht sehr weit abgefahren, um eine Beschädigung der Optiken durch eine Refokussierung des reflektierten Laserlichts zu verhindern, vgl. Abschnitt 3.4. Nach dieser Messung wurde das Target an die Position des Fokus gefahren, also die messbare Teilchenenergie maximiert, und durch Rotation der Wellenplatte die Polarisation des Laserpulses in kleinen Schritten variiert. Bei maximal zirkularer Polarisation wurde das Target erneut rund um die Fokusposition gefahren und die Teilchenenergie gemessen.

4.2. Bildauswertung

Vorab wird auf die im Folgenden verwendete Bildauswertung eingegangen. Die von der Kamera der Thomson-Parabel aufgenommenen und abgespeicherten Bilddateien werden mit einer in Mathematica® geschriebenen Routine bearbeitet, vgl. Abb. 4.1 [194]. Zunächst werden die Spuren mit einer Bilderkennung den jeweiligen Elementen bzw. Ladungszuständen zugeordnet, welche sich aus der bekannten elektrischen und magnetischen Feldablenkung herleiten lässt. Danach wird entlang aller Spalten der Bilddatei das Profil ausgelesen und eine Multi-Gauß-Funktion angepasst. Dabei werden Ergebnisse der (n+1)-Spalte unter Berücksichtigung der Position der n-Spalte ermittelt. Mit dem Programm wird somit eine Teilchenspur sukzessive verfolgt, was in den Bereichen, in denen die Spuren zusammenlaufen, dazu führt, dass die Anpassungs-Routine die verschiedenen Gauß-Peaks eindeutig zuordnen kann. Auf diese Weise ist das Spektrum auch an den Stellen noch auswertbar, wo für das Auge die Spuren schon überlagern. Die Fläche unterhalb

KAPITEL 4. DATENNAHME UND VERARBEITUNG

einer jeweiligen Gauß-Funktion ist dabei direkt proportional zur Signalhöhe und Breite der ganzen Spur und damit proportional der Teilchenzahl. Durch spaltenweises Aufaddieren ergibt sich eine Rekonstruktion der Spur, welche mit der errechneten Energieverteilung entlang der Spur umgerechnet wird. Dabei wird eine Klasseneinteilung (engl. Binning) vorgenommen. Dies ist nötig, da die räumliche Energiebreite $\Delta E/E$ keine Konstante ist, sondern für höhere Energie immer kleiner wird. Parallel dazu wird die Signalhöhe in Teilchenzahl umgerechnet und pro Energie und Raumwinkel normiert [1 / (MeV × sr)]. Zur Bestimmung der absoluten Teilchenzahl wurde eine Kalibration mittels eines CR39 Gitters durchgeführt. Dabei handelt es sich um einen Kunststoff, in dem die Spuren geladener Teilchen sichtbar gemacht werden können, nachdem diese durch das Material transmittiert sind [195]. Durch Auszählen der Teilchenspuren des CR39 unter einem Mikroskop und dem Vergleich mit den Bit-Werten der Kamera, lässt sich der Umrechnungsfaktor bestimmen.

Die Daten werden pro Schuss in einer Übersicht dargestellt, um prüfen zu können ob die Auswerteroutine ordnungsgemäß funktioniert. Parallel dazu werden die Verteilungen tabellarisch gespeichert, um mittels geeigneter Programme aufgearbeitet zu werden. Die Teilchenenergie wird im Folgenden immer pro Nukleon u normiert, mit p=$_1^1$H$^+$=1 u und C^{6+}, $C^{5+}=\,_{12}^{6}C^{5+..6+}$=12 u.

Die Sichtung der Spektren und darin befindlicher Strukturen erfolgt manuell wobei Strukturen nur dann als solche gewertet werden, wenn sie mit bloßem Auge im Rohdatenbild deutlich zu erkennen sind, was bei einer Modulationstiefe von mehr als (2-5)% der Fall ist.

Die aus den Spektren extrahierten Daten sind die Maximal- oder auch Cutoff-Energie für eine Ionensorte bzw. einen Ladungszustand und im Falle des Auftretens einer Modulation, die Energie bei der diese auftritt, im Folgenden Peak-Energie genannt. Dabei lässt sich die Cutoff-Energie in einer logarithmischen Darstellung der Teilchenzahl gegen die Energie besonders gut am abrupten Abbruch der Spur erkennen und ist leicht detektierbar.

4.2. BILDAUSWERTUNG

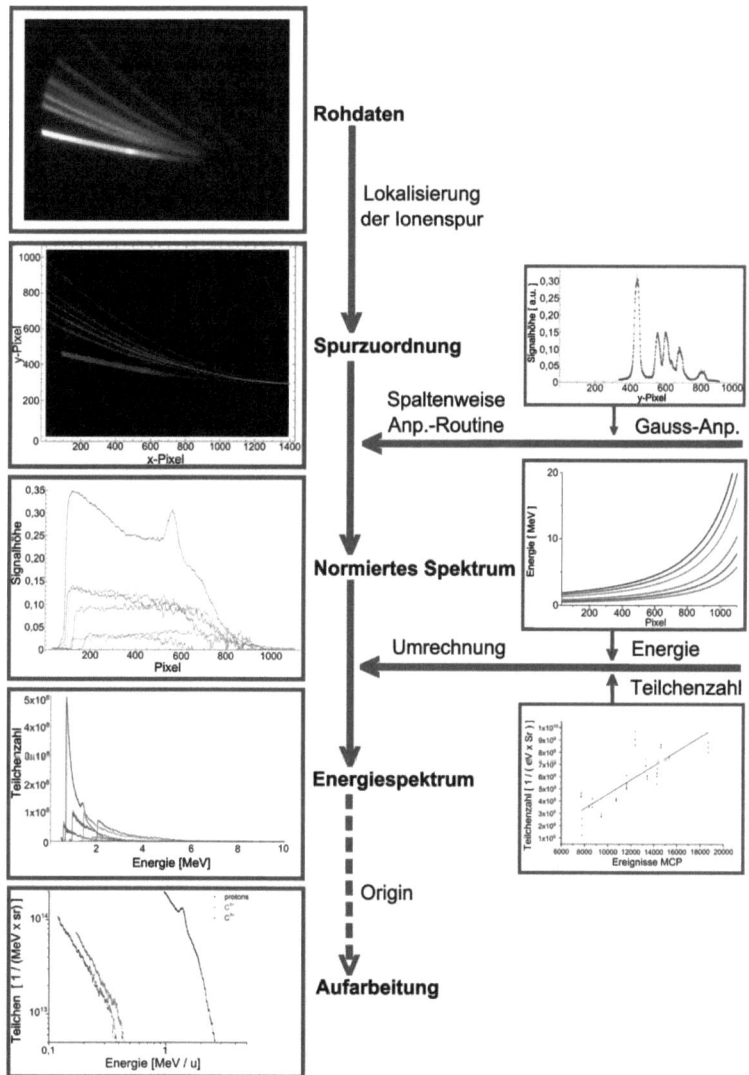

Abbildung 4.1.: *Auswertung eines Einzelspektrums. Die Bilder werden mit einem (Mathematica®)-Script unter Berücksichtigung von Kalibrationsdaten für Teilchenzahl und Energieumrechnung in das Energiespektrum umgewandelt. Dies geschieht sowohl in Tabellenform, wie auch als pdf-Übersichtsdokument, mit der die fehlerfreie Ausführung des Scriptes geprüft werden kann. Die Nachbearbeitung und Darstellung der Daten erfolgt mit Origin8®.*

KAPITEL 4. DATENNAHME UND VERARBEITUNG

4.3. Untersuchung der Energiespektren

Im Rahmen des Experimentes wurden zur Vorbereitung, und als Test für die Diagnostikjustage, Titan-Folien zwischen 1 μm und 10 μm, sowie Aluminium-Folie zwischen 400 nm und 750 nm benutzt. Danach wurden für die eigentlichen Messungen DLC-Folien zwischen 2 nm und 100 nm, sowie erstmalig die ultra-dünnen Parylen-Folien mit den Dicken 15 nm und 100 nm verwendet.

Abbildung 4.2 zeigt drei typische Rohdaten mit entsprechendem Spektrum, welche mit den Parylen-Folien, im Aufbau gemäß Abb. 3.3a) gemessen wurden. Dabei können sowohl rein thermische Spektren auftreten, in denen die Teilchenzahl mit wachsender Energie exponentiell abnimmt oder es können Peaks in einem oder mehreren Spektren auftreten. Die Verwendung von DLC-Folien zeigte in der überwiegenden Zahl der Schüsse glatte Energiespektren, d.h. ein rein exponentielles Verhalten, wie es im TNSA-Prozess beobachtet wird (vgl. 4.2a). Bei der Verwendung von Folien mit einer Dicke kleiner 15 nm traten vereinzelt (<5%) Peaks auf. Diese waren jedoch weniger ausgeprägt, als in anderen Publikationen [29, 196] beschrieben. Im Rahmen dieser Arbeit sollen die Ergebnisse der DLC-Folien zur Untersuchung neuer Laser-Beschleunigerkonzepte wegen der geringen Ereignisrate für das Auftreten von Modulationen nicht vertieft werden.

Anstelle der DLC-Folie wurden stattdessen die Parylen-Folien unterschiedlicher Dicke verwendet. Hier traten bei der 15 nm Folie Peaks im Spektrum deutlich häufiger auf (ca. 40% der Schüsse). Bei der Verwendung der 100 nm-Folien trat ein ähnliches TNSA-Spektrum auf, jedoch konnten keine Peaks beobachtet werden.

Die Spektren, erzeugt aus der Parylen-Folie bei gleichen Laserparametern, sind sehr gut reproduzierbar. Abb. 4.3 zeigt neun hintereinander aufgenommen Spektren, wobei zwischen den Schüssen keine Parameter geändert wurden. Mittels dieser Methode konnte „von Hand", also durch manuelle Positionierung auf der nächsten Targetposition, im Schnitt alle 22 s ein Experimentschuss auf das Folientarget aufgenommen werden. Das gemittelte Bild zeigt die Standardabweichung aller Schüsse.

Nach Bestimmung der Fokusposition, also der maximalen Protonergie, wurde die Polarisation des Lasers variiert. Durch Rotation der $\lambda/4$-Platte kann zwischen linearer und zirkularer Polarisation gewechselt werden. Dabei wurde nach dem Wechsel der Polarisation erneut das Spektrum in Abhängigkeit der Position gemessen. Abb. 4.4 zeigt eine Messreihe, bei der die Maximal- und Peakenergie, hier für zirkular polarisiertes Licht, in Abhängigkeit der Fokusposition aufgetragen ist. Dabei ist die Maximalenergie der Protonen, sowie C^{6+}- und C^{5+}-Ionen deutlich abhängiger von der Position als für die Peakenergie. Korreliert zur Intensität ist erkennbar, dass Teilchen bereits ab Intensitäten von mehreren 10^{17} W/cm^2 TNSA-basiert beschleunigt werden, wobei die Energie mit zunehmender Intensität ansteigt. Peaks im Energiespektrum treten erst ab Intensitäten von mehreren 10^{18} W/cm^2, also in der Nähe des Fokus auf. Diese sind, wenn sie auftreten, deutlich schwächer von der Intensität abhängig.

Beobachtet werden konnte, dass Peaks im Spektrum, dabei sowohl bei linear polarisiertem, als auch bei zirkular polarisiertem Licht auftreten. Daher wurden im Folgenden die Abhängigkeiten von der Polarisation, insbesondere dem Bereich elliptischer Polarisation, zwischen den beiden Maximalzuständen (linear- und zirkular polarisiert) genauer betrachtet.

4.3. UNTERSUCHUNG DER ENERGIESPEKTREN

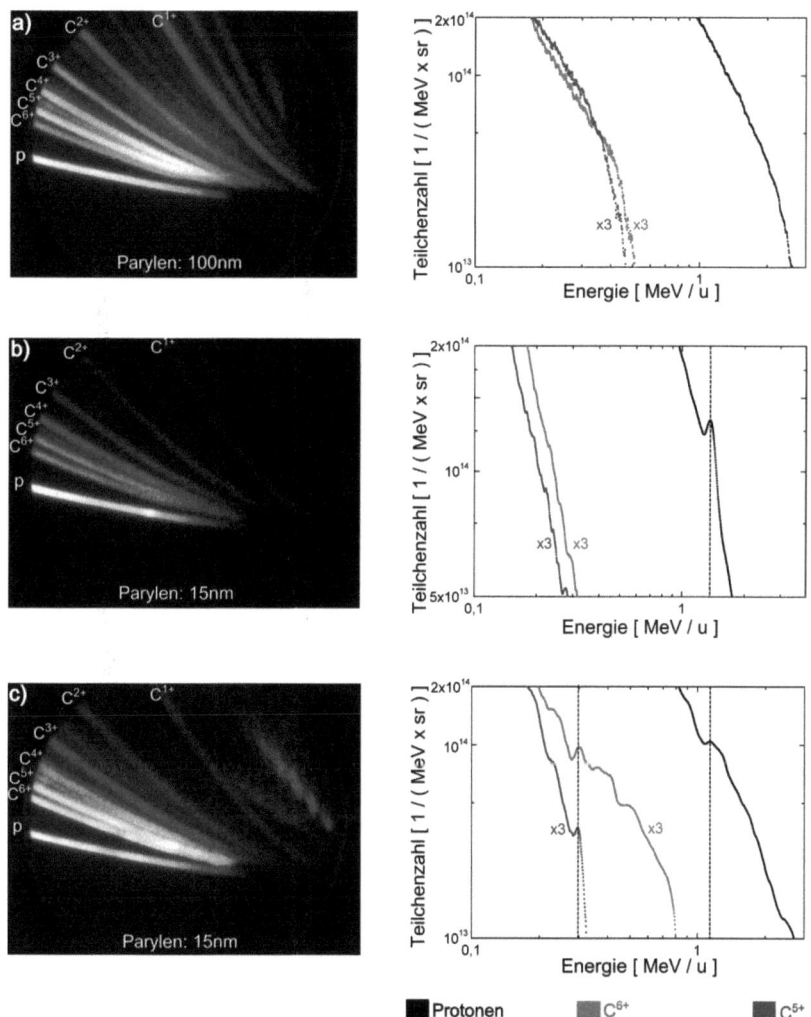

Abbildung 4.2.: *Übersicht über drei Schüsse. **a)** Das Spektrum einer 100 nm dicken Parylen-Folie zeigt ein typisch exponentielles Verteilungsverhalten im Energiespektrum der verschiedenen Ionen. Bei der Verwendung einer 15 nm dicken Parylen-Folie kommt es zur Ausbildung von Peaks. **b)** Diese sind entweder in einem Spektrum ausgeprägt oder **c)** in allen drei Spektren sichtbar. Auffällig hierbei ist das Auftreten der Modulation bei der gleichen Energie für unterschiedliche Ladungszustände, wie hier am Bsp. von C^{6+} und C^{6+}. Die zugehörige Proton-Energie samt Peaks liegt bei vergleichsweise 2-3 fach höheren Energien.*

KAPITEL 4. DATENNAHME UND VERARBEITUNG

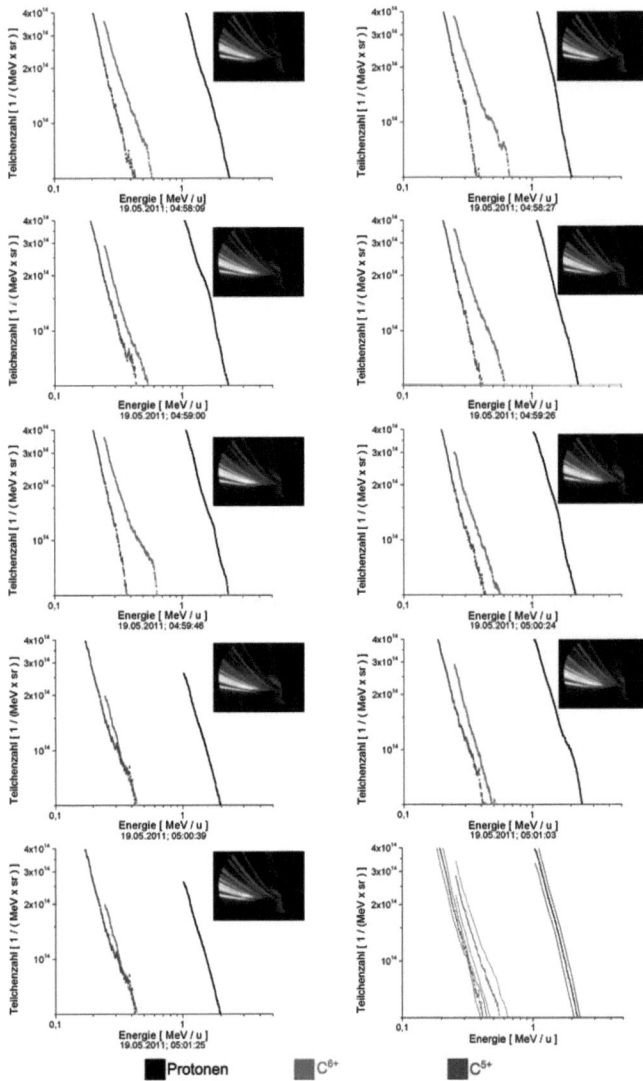

Abbildung 4.3.: *Übersicht von neun hintereinander aufgenommenen Spektren bei gleichen Experimentparametern ($I_L = 6 \cdot 10^{19}\ W/cm^2$) der Parylen-Folie. Lediglich der Targethalter wurde auf die nächste Folienposition gefahren. Im Mittel konnte alle 22 s ein Spektrum aufgenommen werden. Das gemittelte Spektrum zeigt als Fehler die Standardabweichung innerhalb der Serie, was auf eine insgesamt gute Reproduzierbarkeit der messbaren Spektren schließen lässt.*

4.3. UNTERSUCHUNG DER ENERGIESPEKTREN

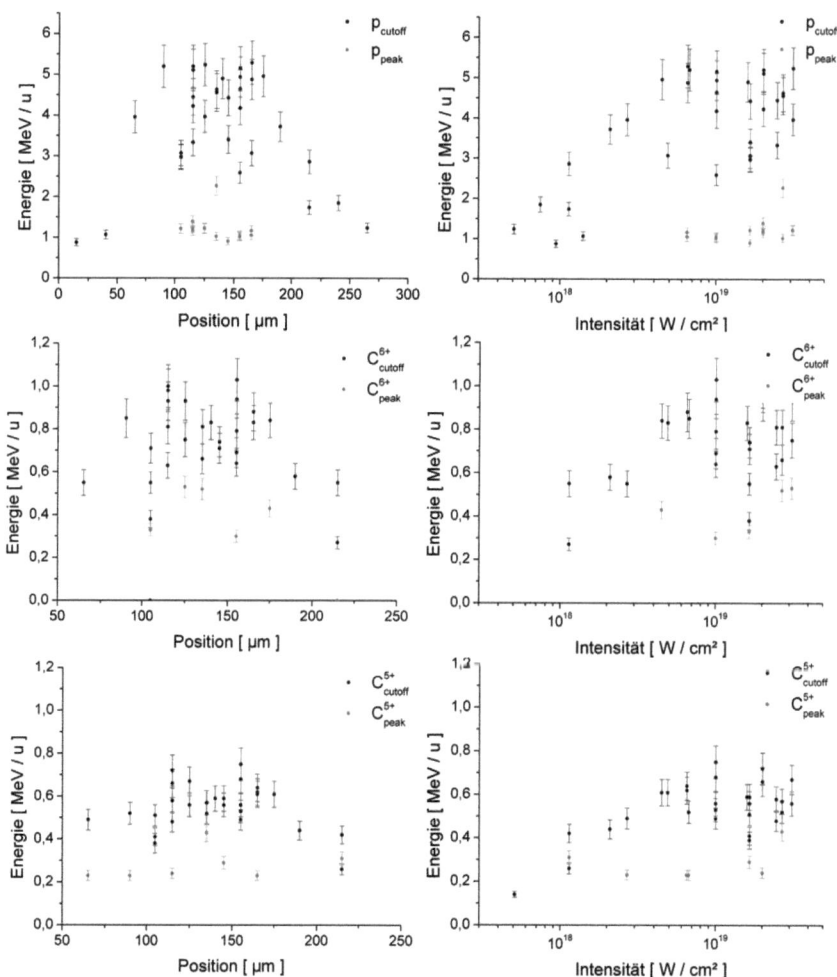

Abbildung 4.4.: *Gemessene Cutoff- bzw. Peak-Energie in Abhängigkeit der Fokusposition und der entsprechenden Intensität. Die Positionsabhängigkeit ist hierbei für Protonen sowie C^{6+} und C^{6+} deutlich stärker ausgeprägt, als die Intensitätsabhängigkeit.*

4.4. Polarisationsabhängige Effekte

Zur Messung der polarisationsabhängigen Effekte wurde ohne Veränderung der Folienposition, also bei gleicher Intensität, die im Strahlengang stehende $\lambda/4$-Platte in kleinen Winkelschritten rotiert. Dazu wurde neben den Energie-Spektren der Teilchen auch das Signal der Single-Hit CCD Kamera betrachtet. Durch die Unterdrückung von heißen Elektronen bei Verwendung von zirkular polarisiertem Licht entsteht weniger Bremsstrahlung, ein Effekt, welcher im Folgenden gemessen werden konnte. Dabei ist das Signal, welches proportional zur Dosis D ist, auf 1 normiert (Abb. 4.5). Um vergleichbare Resultate für verschiedene Folien zu haben, wurde hierbei neben der 15 nm Parylen-Folie eine 7 nm DLC-Folie verwendet. Parallel dazu wurden die Teilchenenergien aufgezeichnet. Auch hier erkennbar ist eine Abnahme der Maximalenergie, insbesondere bei den Protonen, je höher der Anteil der Zirkularpolarisation gewählt wird.

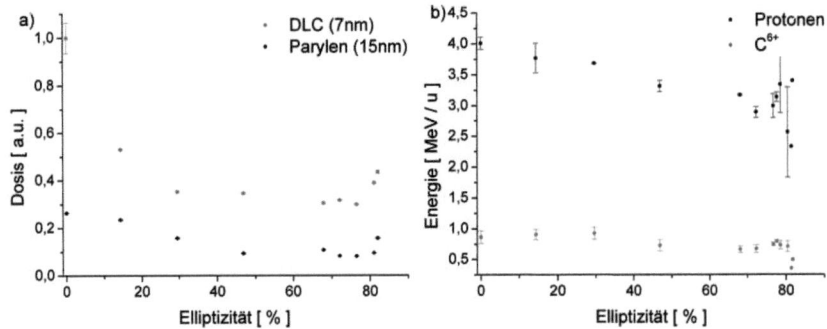

Abbildung 4.5.: **a)** *Polarisationsabhängigkeit der gemessenen Dosis für DLC- und Parylen-Folie sowie* **b)** *der maximalen Teilchenenergie für die 15 nm Parylen-Folie.*

Die Elektronendichte des Polymers ist ungefähr einen Faktor 2 geringer als die der Kohlenstoff-Folie. Das gemessene Verhältnis der Dosis für beide Folien, normiert auf die Dicke, ist einen Faktor $D_{DLC}/D_{Parylen}=(6{,}2 \pm 1{,}5)$ geringer, was dieses Verhältnis zunächst nur unzureichend wiedergibt. Eine Diskussion der Abstrahlungseffekte wird in Kapitel 5.2 durchgeführt.

Um die Abhängigkeit der Modulationen von der Polarisation zu untersuchen, wurde eine Statistik über das Auftreten von Peaks im Spektrum, sowie die mittlere gemessene Energie aufgestellt. Für jede Polarisationswinkeleinstellung wurden 3-5 Messungen des Spektrums durchgeführt. Abb. 4.6 zeigt dabei die relative Häufigkeit und Peak-Energie für das Auftreten von Peaks in diesen Spektren. Dabei konnte zum einen festgestellt werden, dass auch bei wenig zirkular polarisiertem Licht ab einer Elliptizität von circa 20% eine signifikante Häufigkeit für das Auftreten von Peaks gegeben ist. Hierbei ist die Häufigkeit für Peaks in den Kohlenstoff-Spektren höher, als für Peaks in den Proton-Spektren. Gemittelt über alle Schüsse der Messzeit ergibt sie ein Verhältnis von ca. 1,4:1. Ferner wurde ein unregelmäßger Verlauf der gemessenen Energien nachgewiesen. Für niedrige Elliptizitäten sind die Energien höher, haben dann ein Minimum im Bereich von ϵ=40-60% und steigt für höhere Elliptizitäten wieder an.

4.4. POLARISATIONSABHÄNGIGE EFFEKTE

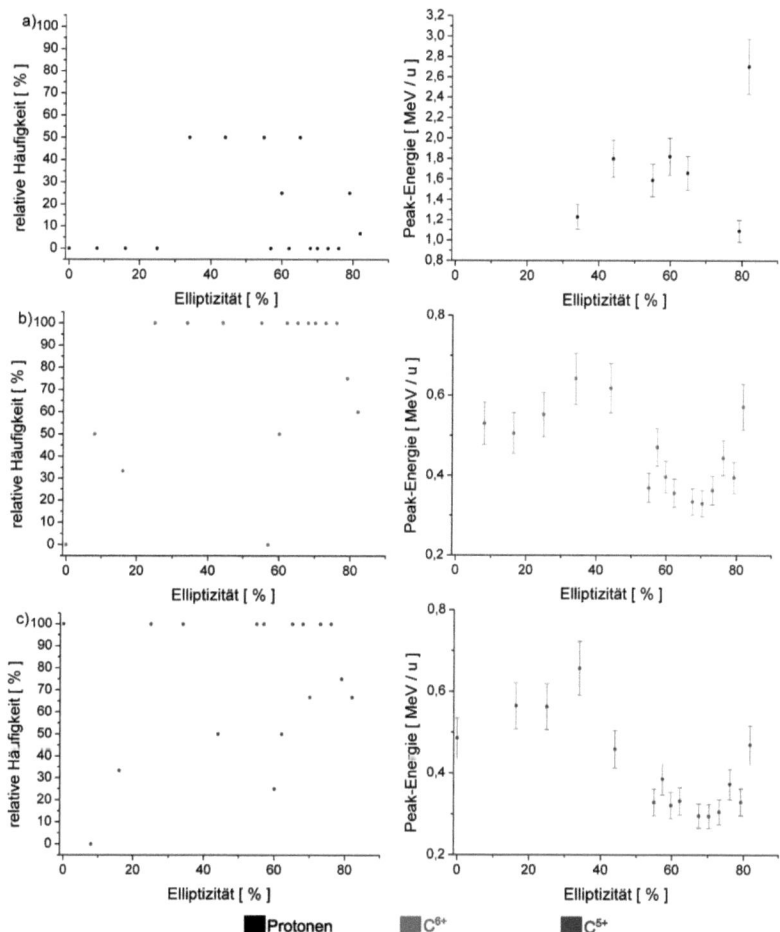

Abbildung 4.6.: *Relative Häufigkeit für das Auftreten von Peaks in den Spektren von Protonen, C^{6+}- und C^{5+}-Ionen, sowie die mittlere gemessene Energie in Abhängigkeit der Elliptizität ϵ des eingestrahlten Laserpulses bei einer Intensität von $I_L = 6 \cdot 10^{19}$ W/cm². Bereits ab ($\epsilon \gtrsim 20\%$) traten Peaks signifikant häufig auf. Es kommt im Energieverlauf der Peaks von C^{6+}- und C^{5+} zu Modulationen. Nachdem bereits für niedrige Elliptizitäten hohe Energien vermessen wurden, kommt es für Elliptizitäten von 40-60% zu einer massiven Energieabnahme. Für Elliptizitäten größer 70% steigt die Energie wieder an.*

Die gemessenen Peaks auf dem Spektrum und das jeweilige Auftreten, auch für niedrige Elliptizitäten, konnten in mehreren Messreihen nachgewiesen werden. Die Ergebnisse sollen weiterführend in Kapitel 5.2 behandelt werden.

4.5. Beeinflussung des Beschleunigungsprozesses

Bei den bisherigen Messungen traten zwar Peaks in den Spektren auf, jedoch hatten diese nur eine Modulationstiefe von wenigen Prozent auf dem Untergrundspektrum. In einem weiterführenden Schritt soll eine Verbesserung des zuvor gemessenen Beschleunigungsprozesses erreicht werden.
Die Peaks treten, bei Energien auf, welche kleiner als die Cutoff-Energie sind. Somit sind diese nur dann messbar, wenn die Teilchenzahl in den Peaks signifikant groß ist, so dass sich das Peak-Signal vom TNSA bedingten, thermischen Spektrum abhebt. Zunächst könnte also eine Unterdrückung des TNSA-Prozesses das Signal-zu-Untergrundverhältnis zugunsten der Peakhöhe verbessern. Wie in Abschnitt 3.6.3 beschrieben, führt ein unzureichender Laserkontrast und die damit verbundene Plasmabildung zu diesem Effekt. Dies soll durch eine Beeinflussung des Vorplasmas mittels eines zweiten zeitlich variablen Pulses welcher mit der Targetvorderseite wechselwirkt untersucht werden.
Zuvor soll der Einfluss der Oberflächenkontamination durch Ablagerung von Kohlenwasserstoffen auf der Targetoberfläche untersucht werden. Diese Kontaminationen liefern die Teilchen welche im TNSA-Prozess überwiegend beschleunigt werden. Folglich sollte ihre Entfernung den Prozess ebenfalls unterdrücken. Es wird eine Möglichkeit beruhend auf der Entfernung von Oberflächenkontamination durch Ausheizen der Folie vor dem eigentlichen Laserschuss diskutiert.

4.5.1. Thermisches Reinigen der Folien

In einem ersten Aufbau, einer Ergänzung des bisher genutzten Aufbaus (siehe Abb. 3.3a) wurde durch Ausheizen der Folie versucht, bestehende Oberflächenkontamination auf der Folie zu entfernen. Dazu wurde ein Dauerstrich-Diodenlaser[1] verwendet, mit welchem die Folie vor dem Laserschuss geheizt wurde. Der zusätzliche Strahl, eingekoppelt durch ein Fenster, wurde zu einem Strahlfleck von (1,2-1,5) mm fokussiert. Dieser deckt ein Folien-Target vollständig ab und heizt dieses. Dabei wird davon ausgegangen, dass Folien mit einer Dicke von wenigen Nanometern homogen erhitzt werden, auch wenn der Laserstrahl nur auf die Targetrückseite gerichtet ist. Für den Versuch können nur DLC-Folien verwendet werden, da Parylen nicht temperaturbeständig genug ist. Zur Bestimmung der Zerstörschwelle der verwendeten 5 nm DLC-Folie wurde diese im Vakuum jeweils 10 s geheizt und danach visuell geprüft ob die Folie noch intakt ist, wobei sukzessive die Leistung der Diode erhöht wurde, bis es zu einer Beschädigung kam. Danach wurde die Diodenleistung etwa 20% unterhalb dieser Schwelle eingestellt. Über die Temperatur der Folie können keine Angaben gemacht werden, jedoch berichten andere Quellen, von Temperaturen zwischen 1000 K und 3000 K [197], was genügend hohe Abdampfraten für gängige Kohlenwasserstoffe schaffen sollte [198].
Abb. 4.7 zeigt Rohdaten und Spektren für einen Schuss mit und ohne vorheriges Ausheizen der Folie. Zu erkennen ist, dass die erreichbaren Energien ungefähr gleich, allerdings die Teilchenzahl, insbesondere bei den Protonen deutlich niedriger sind. Da die Protonen

---
[1]Lumics: S/N 40195; 975 nm

4.5. BEEINFLUSSUNG DES BESCHLEUNIGUNGSPROZESSES

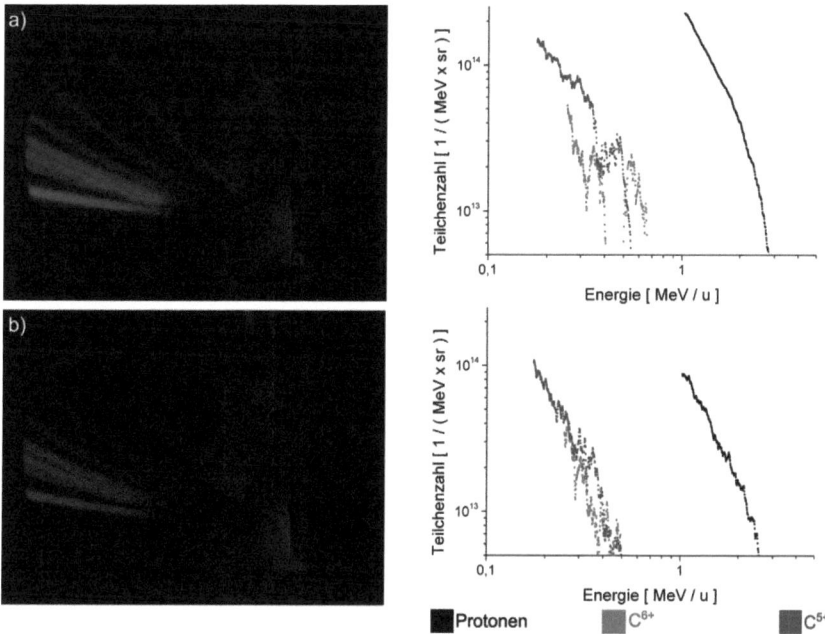

Abbildung 4.7.: *Energiespektrum beschleunigter Teilchen aus einer 5 nm DLC-Folie. a) Vorab ausgeheizte Folie bzw. b) unbehandelte Folie. Zu sehen ist, dass die Zahl der beschleunigten Teilchen insbesondere bei den Protonen um einen Faktor 2-3 abnimmt.*

bei der Kohlenstoff-Folie nur im Rahmen einer Oberflächenkontamination auftreten, zeigt sich hier, dass diese durch ein ausheizen minimiert werden kann. Ein Einfluss auf die Häufigkeit für Peaks im Spektrum konnte jedoch nicht beobachtet werden. Daher wurden weitere Versuche mit einem statischen Ausheizen nicht durchgeführt.

4.5.2. Gezielte Vorpulse

In einem zweiten Aufbau (Abb. 3.3b) wurde ein zeitlich durchstimmbarer Strahlengang für den Pump-Puls, welcher zur Beschleunigung der Folie dient, realisiert. Dieser erlaubt den zeitlichen Versatz des Pulses gegen den nun zusätzlich auf die Vorderseite der Folie fokussierten Streu-Puls, welcher 10% der Laserenergie enthält. Anhand der Schrittweite des Motors, welcher den Strahlteilerwürfel zur Erzeugung beider Pulse bewegt, ergibt sich ein Strahlversatz von 44 nm/Schritt, also eine Verzögerungsgenauigkeit von theoretisch 0,15 fs. Die beiden Foki werden zunächst räumlich in der Kammermitte überlagert. Der zeitliche Überlapp wird mithilfe eines dritten Diagnose-Pulses, der unter einem Winkel von 90° zur Fokusebene propagiert, eingestellt. Dabei wurde zunächst an Luft der Diagnose-Puls so lange gegen den zeitlich festen Streu-Puls verzögert, bis die Struktur des Streu-Puls-Fokus sichtbar wird. Durch die hohen Feldstärken ändert sich der Bre-

KAPITEL 4. DATENNAHME UND VERARBEITUNG

chungsindex der Luft, was zu einer sichtbaren Beugungsstruktur im Diagnose-Puls führt (Abb. 4.8). Somit erreicht der Diagnose-Puls zeitlich mit dem Streu-Puls die Fokusebene. Anschließend wurde durch Verschieben des Strahlteilers der variable Pump-Pulses solange verzögert, bis dessen Beugungsstruktur mit dem Diagnose-Puls abgebildet werden konnte. Somit stimmt der zeitliche Überlapp von Pump-Puls mit Diagnose-Puls, und damit mit dem Streu-Puls überein. Der Fehler bei dieser Methode wird durch die Pulsdauer des Lasers und nicht durch die Schrittweite der Motoren bestimmt. Es konnte die Entstehung der Beugungstruktur beobachtet werden, daher wird der Fehler nach oben hin maximal mit der halben Pulsdauer abgeschätzt ($\Delta t=15$ fs).

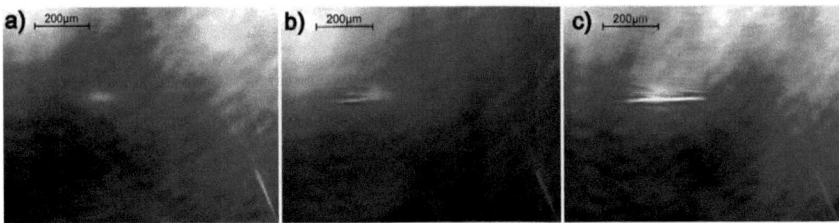

Abbildung 4.8.: *Bestimmung des zeitlichen Überlapps mittels Autokorrelation des transversalen Beugungsbildes. Zu sehen ist die Entstehung des Pump-Puls Fokus zu drei Zeitpunkten gemessen in einem Zeitabstand von ca. 550 fs. Zu sehen ist in Bild **b)** und **c)** wie durch die Brechungsindexänderung der Luft eine Beugungsstruktur von links kommend im Bild entsteht.*

Im Folgenden wurde die Abhängigkeit des Energiespektrums vermessen. Hierzu wurde der Streu-Puls zunächst geblockt und nur mit dem Pump-Puls analog zu den Messungen aus Abschnitt 4.3 das Energiespektrum optimiert. Anschließend wurde eine Messung mit variabler Verzögerung des Pump-Pulses gegen den Streu-Puls durchgeführt. Der Einfachheit halber wird dies im Folgenden so umgerechnet, dass der Streu-Puls, dessen Einfluss auf den Prozess untersucht werden soll, als zeitlich variabel gegen den festen Pump-Puls angenommen wird. Nach dem Wechsel des zeitlichen Bezugssystems bedeutet also eine negative Verzögerung, dass der Streu- vor dem Pump-Puls mit der Folie wechselwirkt. Abb. 4.9 zeigt die Mess- und Mittelwerte der Proton-Cutoff-Energie und der Proton-Peak-Energie in Abhängigkeit der Streu-Puls-Verzögerung. Die Cutoff-Energie ist im ungestörten Zustand, - Pump-Puls vor Streu-Puls -, fast konstant bei einer Energie von 3-4 MeV. Im Bereich negativer Verzögerung, - Pump-Puls nach Streu-Puls- nimmt sie stetig ab. Im Gegensatz dazu steigt die Peak-Energie in der Nähe des zeitlichen Überlapp kurzzeitig an, bevor das Signal bei weiterer negativer Verzögerung ebenfalls verschwindet.

Um neben der Energie eine Aussage über eine quantitative Stabilisierung von Modulationen im Spektrum treffen zu können, gibt Abb. 4.10 die relative Häufigkeit für das Auftreten messbarer Spektren, bzw. das Auftreten von Peaks an. Neben dem Verschwinden des Messsignals für negative Verzögerung des Streu-Pulses von mehr als 7 ps fällt auf, dass die Häufigkeit für das Auftreten von Peaks bei positiver Verzögerung stabil ist und erst bei negativer Verzögerung schnell abnimmt.

Eine Beeinflussung des Beschleunigungsprozesses ist an dieser Stelle erkennbar. Zum einen erfolgt eine Unterdrückung des gesamten Beschleunigungsprozesses, wenn die Folie in Fol-

4.5. BEEINFLUSSUNG DES BESCHLEUNIGUNGSPROZESSES

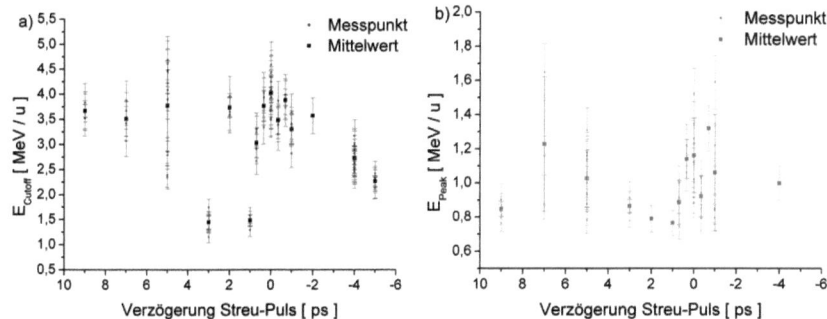

Abbildung 4.9.: *Entwicklung des Protonensignals in Abhängigkeit der Verzögerung zwischen Streu-Puls und Pump-Puls. a) Die Cutoff-Energie (3-4 MeV) nimmt im Falle negativer Verzögerung konstant ab und verschwindet in dem Fall, dass der Streu-Pulse auf einer ps-Zeitskala vor dem Pump-Puls auf die Folie trifft. b) Parallel dazu steigt die Peak-Energie in einem sehr kleinen Bereich an, bevor das Signal verschwindet.*

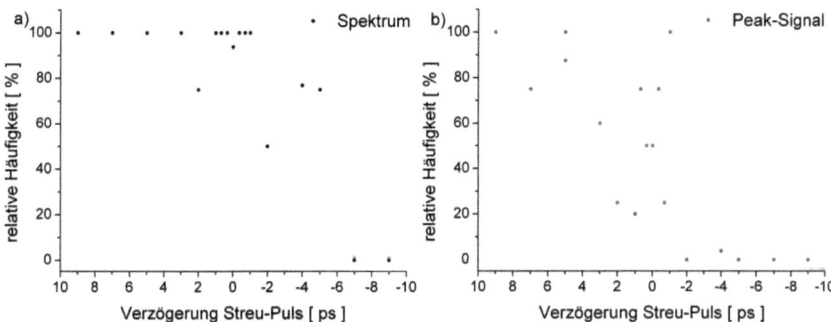

Abbildung 4.10.: *Relative Häufigkeit für das Auftreten von auswertbaren Spektren, also einem erfolgreichen Schuss, bei dem signifikant Teilchen beschleunigt wurden, gemessen an der Anzahl der durchgeführten Messungen für jede Verzögerungszeit. a) Ein Spektrum ist bei positiver Verzögerung fast durchgängig messbar. Für negative Verzögerung kommt es zunehmend zu einer Unterdrückung des Beschleunigungsprozesses. Erreicht der Streu-Puls die Folie mehr als 7 ps vor dem Pump-Puls, können keine Spektren mehr gemessen werden. b) Die Häufigkeit für das Auftreten von Peaks ist im Rahmen der Schwankungen unverändert für positive Verzögerung und nimmt bei negativer Verzögerung rapide ab.*

ge des Vorpulses zu früh in ein Plasma übergeht, zum anderen kann ein Anstieg der Peak-Energie beobachtet werden, wenn beide Pulse ungefähr zeitgleich auf die Folie treffen. Neben der Untersuchung, der Teilchenenergie in Abhängigkeit der Streu-Puls-Verzögerung wurde in einem letzten Schritt das Spektrum des rückgestreuten Lichtes untersucht.

4.6. Untersuchungen zum Rückstreu-Spektrum

Final wurden Untersuchungen zum Rückstreu-Spektrum durchgeführt. Dabei wurde der bereits genutzte Streu-Strahl an der Target-Rückseite reflektiert und mittels des in Kapitel 3.2 beschriebenen, optischen Spektrometeraufbaus sowohl das rückgestreute- (0°), als auch das seitlich emittierte Spektrum (45°) aufgezeichnet. Durch einen Kantenfilter (λ_{Cut} > 750 nm) wurde der Hauptanteil der fundamentalen Laserstrahlung vor dem optischen Gitter geblockt.

Abb. 4.11 zeigt ein von der Spektrometerkamera aufgezeichnetes Rohdatenbild, sowie die mit einer Auswerteroutine berechneten Spektren. Sichtbar wird hierbei der Anteil der 2. Harmonischen des Lasers, bei ungefähr 395 nm, welcher durch nichtlineare Effekte bei der Wechselwirkung mit dem Target entsteht [199]. Dies ist ein Indikator, dass der Laser, Pump- oder Streu-Puls, mit der Folie gewechselwirkt haben. Ohne Folie tritt der frequenzverdoppelte Anteil nicht auf. Außerdem sichtbar ist die Unterdrückung des Signals durch den Kantenfilter für Wellenlängen größer als 750 nm. Aufgrund der hohen Intensität der 2. Harmonischen im 45°-Spektrum kommt es, bedingt durch die Beugung am Gitter, zum Auftreten einer spektralen Komponente bei mehr als 800 nm, welche als ein Artefakt angesehen wird.

Der Streu-Puls wurde zeitlich gegen den Pump-Puls verschoben und das jeweils emittierte Spektrum pro eingestellter Verzögerungszeit mehrfach gemessen (Abb. 4.12). Es konnten keine systematisch relevanten Effekte beobachtet werden. Eine Erklärung hierzu wird bei der generellen Diskussion der Ergebnisse in Kapitel 5.4 gegeben.

4.6. UNTERSUCHUNGEN ZUM RÜCKSTREU-SPEKTRUM

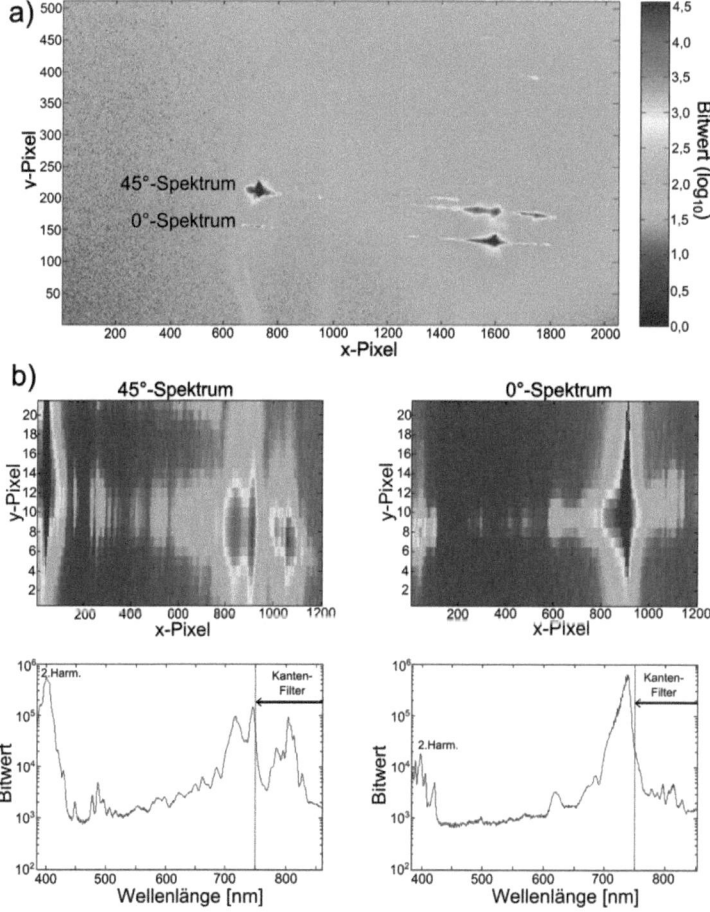

Abbildung 4.11.: a) Aufgezeichnete Rohdaten der Kamera. b) Generierte Spektren unter 0° und 45° zur Pump-Puls Richtung. Zu sehen ist die Kante des Filters bei Wellenlängen größer als 750 nm und die 2. Harmonische bei circa 395 nm.

KAPITEL 4. DATENNAHME UND VERARBEITUNG

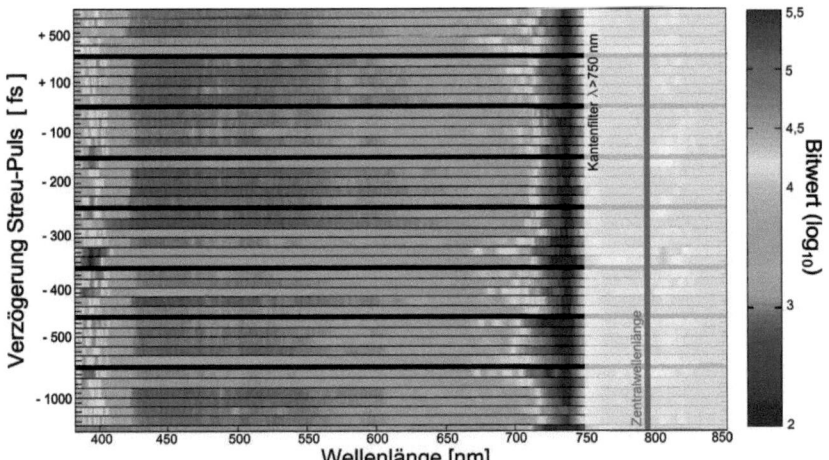

Abbildung 4.12.: *Gemessene Rückstreu-Spektren (0°) in Abhängigkeit der Verzögerungszeit. Zu sehen ist Licht der 2. Harmonischen und Reste des Anteils der fundamentalen Laserstrahlung. Es lässt sich im Rahmen des abgerasterten Zeit-Bereiches kein signifikanter Anteil rückgestreuter Photonen erkennen.*

4.7. Numerische Simulationen

Parallel zu den experimentellen Ergebnissen wurden in Kollaboration mit dem Forschungszentrum Jülich auf dem Supercomputer JUROPA, einer Eigenentwicklung mit einer Gesamtrechenleistung von 207 Teraflop/s, Simulationen durchgeführt [200]. Verwendet wurde der auf der Programmiersprache Fortran [201] basierender EPOCH-Code (Extendable PIC OpenCollaboration), welcher eine quelloffene Weiterentwicklung des PSC (Plasma Simulation Codes) [202] ist. Mit diesem 2-dimensionalen relativistischen particle-in-cell code wurde der Beschleunigungsprozess auf Basis von 6,5 Millionen Teilchen in einem betrachteten Volumen von 30 µm x 12 µm mit einer Zellgröße von je Δx=1 nm×Δy=2,5 nm nachgebildet. Die benutzen Laserparameter wurden dem Experiment entnommen (Halbwertsbreite Pulsdauer τ_L=27 fs; Strahlfleck A_{FWHM}=6 µm^2; Intensitäten: $1 \cdot 10^{19}$ W/cm^2 bis $5 \cdot 10^{20}$ W/cm^2), mit einem gaußförmigen Zeitverlauf und der Elliptizität ϵ=1, also vollständig zirkular polarisiertem Licht. Vergleichssimulationen mit linear polarisiertem Licht (ϵ=0) wurden ebenfalls gemacht und später diskutiert. Das simulierte Target entspricht dabei einer Ionenmischung identisch zur Zusammensetzung der Parylen-Folie, mit einer Dicke von 15 nm. Die Simulationen erlauben eine Rekonstruktion der Entwicklung verschiedener Parameter, wie etwa Dichte, Geschwindigkeit, Feldverteilung oder Phasenraum. Hierbei wurde ein Simulationszeitraum von bis zu 700 fs betrachtet, also mehr als das zehnfache der Wechselwirkungsdauer der Folie mit dem Laser. Dies ermöglicht sowohl die Betrachtung der direkt induzierten Prozesse, wie auch die nach der eigentlichen Wechselwirkung stattfindende Entwicklung. Die Simulationszeit pro Datensatz auf JUROPA liegt dabei bei 1-2 Stunden, wobei die Daten danach auf dem System post-prozessiert werden um entsprechende Parameterabhängigkeiten darzustellen.

5. Ergebnisse und Diskussion

In diesem Kapitel werden die zuvor gesammelten experimentellen und theoretischen Daten aufgearbeitet und miteinander verglichen. Ziel ist die Entwicklung eines Modells, welches die beobachteten Prozesse beschreibt, und dessen Vergleich mit bisherigen experimentellen und theoretischen Daten.
Dabei wird zunächst auf die gemessenen Energiespektren eingegangen und Abhängigkeitsrelationen von verschiedenen Parametern diskutiert und vereinheitlicht. Danach wird unter Verwendung der Simulationen ein Erklärungsmodell aufgestellt, sowie dessen Vorteile und Schwächen im Kontext anderer Ergebnisse diskutiert. Unter Verwendung der Daten der Polarisationsabhängigkeit der Prozesse wird ein Vorteil der verwendeten Parameter aufgezeigt. Darauf aufbauend erfolgt das Einbinden der Ergebnisse des optischen Rückstreu-Spektrums, sowie der Energiespektren unter Berücksichtigung des zusätzlichen Streupulses.
Abschließend wird ein Ausblick auf mögliche Folgeexperimente sowie deren erste Resultate gegeben und die dafür benötigten Modifikationen angesprochen.

5.1. Beschreibung des Beschleunigungsprozesses

Für die grundlegende Beschreibung des Beschleunigungsprozesses insbesondere im Hinblick auf die Ausbildung von Peaks, also monoenergetischen Anteilen im Spektrum, soll in diesem Abschnitt eine weitere Evaluation der Daten erfolgen.

5.1.1. Datenaufarbeitung

Die bisher gemessenen Energiespektren in Abhängigkeit der Fokusposition/Intensität (Abb. 4.4) zeigen zwar eine eindeutige Abhängigkeit in der Maximalenergie, jedoch im Rahmen der großen Streubreite keine signifikante Abhängigkeit bei den Peaks. Die große Streubreite der gemessenen Ergebnisse spricht dafür, dass die berechnete Laserintensität kein geeigneter Skalierungsfaktor ist. Anstelle dessen wird in Darstellung 5.1 für die zuvor bereits behandelten Daten als Skalierung die C^{6+}-Cutoff-Energie gewählt. Die gemessenen Maximalenergien sind durch den TNSA-Prozess bestimmt und wie in Kapitel 2.4.1 und [102] hergeleitet nur proportional zur Wurzel der Intensität und der Wellenlänge. Bei fester Wellenlänge, bzw. fester Zentralwellenlänge und Bandbreite, sind sie also nur abhängig von der Wurzel der Intensität. Hierbei ist die Wahl der Kohlenstoff-Ionen als Skalierungsmaß von Vorteil, da Kohlenstoff vorwiegend aus der Folie selbst stammt, wohingegen die Protonen auch von einer Oberflächenkontamination herrühren könnten. Dass diese Kontaminationen die Protonenzahl beeinflusst wurde in Abb. 4.7 gezeigt und wird in Abschnitt 5.3 weiter diskutiert. Diese Argumente rechtfertigen die Wahl der C^{6+}-Cutoff-Energie als Skalierungsfaktor der Schuss-zu-Schuss Intensität direkt an, bzw. in der Folie.

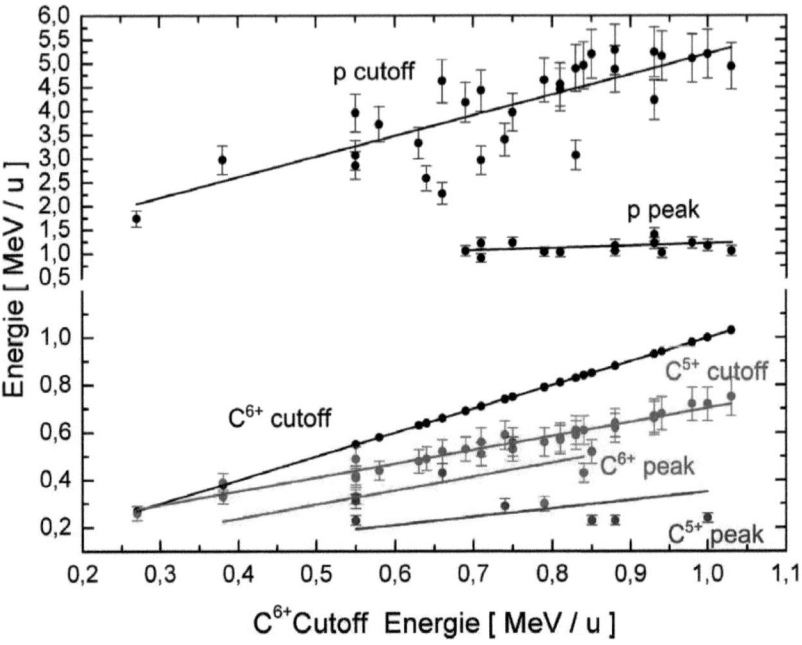

Abbildung 5.1.: *Darstellung der Cutoff- und Peak-Energie in Abhängigkeit der C^{6+}-Cutoff Energie. Diese dient als eine Skalierung der Laserintensität am Ort der Folie. Die jeweiligen Peaks im Spektrum liegen immer unterhalb der Cutoff-Energie. Die linearen Anpassungen spiegeln insbesondere für die Cutoff-Energien zueinander das Verhalten sehr gut wieder. Für die Peak-Energien ist die Anpassung aufgrund der Streuung weniger aussagekräftig.*

Die linearen Anpassungen zeigen zunächst, dass bei dieser Skalierung die Maximalenergien untereinander sehr gut korrelieren. Dabei ist die Energie der Protonen einen Faktor vier höher, als die der C^{6+}-Ionen. Unter der klassischen Annahme, dass alle Teilchen im gleichen elektrischen Feld beschleunigt werden, wie es im TNSA-Prozess der Fall ist, sollte die Separation dem Ladungs-zu-Masse-Verhältnis folgen, was einem Faktor zwei entspricht - $(q/m)_p=1/1=1$; $(q/m)_{C6+}=6/12=0,5$. Die gemessene Energie der C^{6+}-Ionen ist einen Faktor 1,8 höher als die der C^{5+}-Ionen. Bei einer Feldbeschleunigung wird klassisch ein Faktor 1,2 erwartet - $(q/m)_{C6+}=6/12$; $(q/m)_{C5+}=5/12$. Zugleich ist die Energiestreuung der Protonen-Maximalenergie deutlich größer als die der Kohlenstoff-Maximalenergie. Dies kann durch das höhere Ladungs-zu-Masse-Verhältnis und die daraus resultierende schnelle Reaktion auf Störungen im beschleunigenden elektrischen Feld erklärt werden. Über die Steigung der Peak-Energie und das Verhältnis der Peaks untereinander, insbesondere bei den C^{5+}- und C^{6+}-Ionen lässt sich anhand der geringen Statistik dieser Messreihe keine

5.1. BESCHREIBUNG DES BESCHLEUNIGUNGSPROZESSES

präzise Aussage treffen. Zu sehen ist jedoch, dass Peaks erst bei höheren Intensitäten, also höheren C^{6+}-Cutoff Energie auftreten.
Um die beobachteten Effekte, insbesondere das Verhalten der Peaks besser zu verdeutlichen, zeigt Abb. 5.2 einen Datensatz mit größerer Grundgesamtheit von 111 aufgezeichneten Spektren. Bei diesem konnte neben einer Messreihe entlang des Fokus zusätzlich die Polarisation variiert werden.

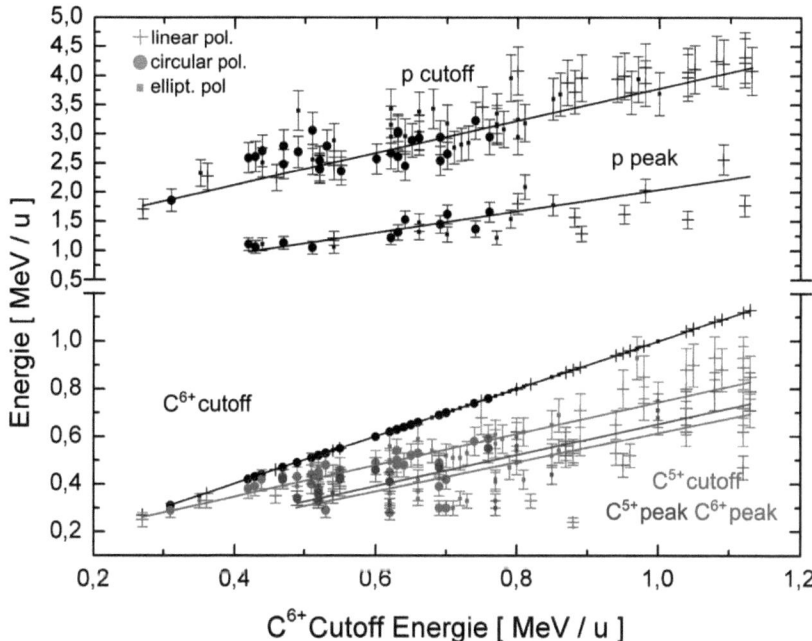

Abbildung 5.2.: *Darstellung der Cutoff- und Peak-Energie eines kompletten Datensatzes von 111 Spektren in Abhängigkeit der C^{6+}-Cutoff Energie. Die unterschiedlichen Messpunkte spiegeln hierbei die Abhängigkeit von der Polarisation wieder. Neben dem bereits zuvor beobachteten Verhältnis der Cutoff-Energien fällt hier das kollektive Verhalten der Peaks in den C^{6+}- und den C^{5+}-Ionen auf.*

Die angepassten Geraden spiegeln erneut das Verhältnis der Maximalenergien und Peaks pro Ionensorte wieder.
Zunächst treten die Peaks nur bei Energien auf, welche kleiner als die Cutoff-Energie ist. D.h. die Peaks liegen immer innerhalb des abfallenden exponentiellen Spektrums. Weiterhin auffällig ist die Korrelation zwischen den C^{6+}- und C^{5+}-Peaks. Die linearen Anpassungen haben im Rahmen der Fehler die gleichen Steigungen m, $m_{C6+} = (0,95 \pm 0,05) \cdot m_{C5+}$, was bedeutet, dass die Peaks im Spektrum analog zu Abb. 4.2b) für unterschiedliche Ladungszustände bei der gleichen Energie auftreten. Dieser Effekt ist nicht mit der bekannten TNSA-Theorie zu erklären, nach der die Peaks in Folge des unterschiedlichen Ladungs-

KAPITEL 5. ERGEBNISSE UND DISKUSSION

zu-Masse-Verhältnisses bei unterschiedlichen Energie auftreten müssten. Ein Umladungseffekt, z.B. durch Elektroneinfang eines C^{6+}-Ions (C^{6+}+ $e^-\rightarrow C^{5+}$), kann ausgeschlossen werden, da dieser statistisch bei allen Energien auftreten müsste und sich so auch in einer gemeinsamen Cutoff-Energie äußern würde, was nicht der Fall ist. Dieses kollektive Verhalten wurde in bisherigen Experimenten noch nicht beobachtet. Auch hier wird deutliche, dass die Peaks in den Protonen- und Kohlenstoffspektren erst bei höheren Intensitäten von mehreren $10^{18}\,\mathrm{W/cm^2}$ auftreten. Bei niedrigerer Intensität sind die gemessenen Spektren rein TNSA-bestimmt und zeigen keine Modulationen.

Ein letzter, sich aus dieser Abbildung ergebende Zusammenhang ist die Abhängigkeit von der gewählten Laserpolarisation. Das Auftreten von Peaks im Spektrum ist von der vorliegenden Laserpolarisation unabhängig (vlg. Abb. 4.6), die Peak- und Cutoff-Energie jedoch nicht. Die höchsten Energien sind bei linearer Polarisation zu messen, die niedrigsten bei zirkularer Polarisation. Für die Cutoff-Energie ist der gemessene Energieunterschied zwischen beiden Einstellungen etwa ein Faktor 1,3 bis 1,5, was hervorragend mit der Erwartung übereinstimmt. Die elektrische Feldstärke reduziert sich für zirkular polarisiertes Licht um einen Faktor $\sqrt{2}$ (Gl. 2.10) und somit die effektive Intensität um einen Faktor 2, was schließlich für die Cutoff-Energie wieder den Faktor $\sqrt{2}\approx1{,}4$ bedeutet. Die Peaks sind von diesem Verhalten auch beeinflusst, jedoch deutlich schwächer, wie anhand des Proton-Peaks zu erkennen ist.

Diese Beobachtung setzt sich in mehrere Messreihen an unterschiedlichen Tagen fort. Neben dem bereits erklärten Phänomen lässt sich die höhere Energie in den Proton-Spektren im Rahmen der reinen RPA-Theorie zunächst nicht deuten, ebenso wenig wie das Auftreten von Peaks in den Spektren im Falle von linear polarisiertem Licht. Um diese Effekte zu erklären, müssen die zeitabhängige Entwicklung des Energiespektrums untersucht. Das Thomson-Parabel Signal ist dafür nicht geeignet, da es alle Informationen zeitlich aufintegriert darstellt. Eine Möglichkeit in die Prozesse hineinzuschauen bieten nummerische Simulationen, wie sie im Folgenden beschrieben und ausgewertet werden.

5.1.2. Vergleich mit Theorie

Für die Simulationen wird die Folie wie in Abschnitt 4.7 beschrieben aus den verschiedenen Ionenkomponenten zusammengesetzt. Dabei werden keine Ionisationsprozesse berücksichtigt, d.h. die Folie setzt sich von Beginn an aus vollständig ionisierten Ionen und einer entsprechenden Anzahl freier Elektronen zusammen. Die kinetische Energie aller Teilchen ist dabei Null. Somit ist das Target am Anfang der Simulation ladungsneutral und stabil. Eine Berücksichtigung von Ionisations- und Rekombinationseffekten würde die Simulationszeit pro Datensatz deutlich erhöhen und wurde daher nicht einbezogen. Daraus resultiert, dass die Energiespektren nur vergleichbare Daten für C^{6+} und Protonen enthalten. Auch hier sind die Massen aller Teilchen, auch der Elektronen, normiert.

Abb 5.3 zeigt den direkten Vergleich zwischen gemessenen und simulierten Daten. Die Resultate stimmen in ihrer Form überein. Es tritt eine deutlich höhere Energie in den Protonen auf. Dabei ist die gemessene Energie einen Faktor drei größer als die Energie in der Simulation. Dies lässt sich dadurch erklären, dass die vorliegende Simulation nach $t=280\,\mathrm{fs}$ endet, wohingegen die gemessenen Spektren der Thomson-Parabel aufgrund der Flugdauer zu einem viel späteren Zeitpunkt entstehen. Die gemessene maximale Teilchenenergie der Protonen von 4 MeV entspricht 6% Lichtgeschwindigkeit. Diese bedeutet, dass

5.1. BESCHREIBUNG DES BESCHLEUNIGUNGSPROZESSES

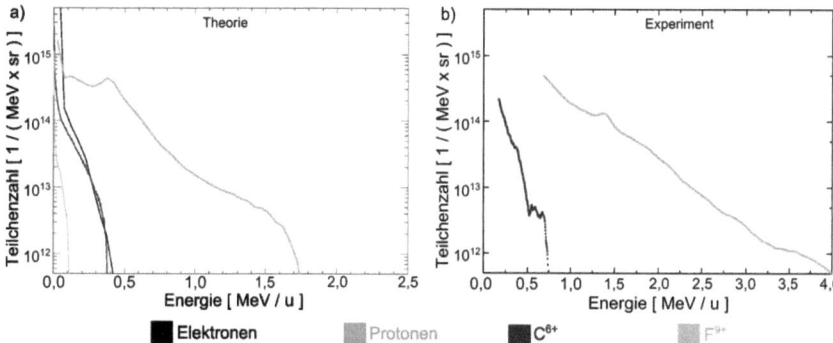

Abbildung 5.3.: *Vergleich eines gemessenen Spektrums mit den Resultaten einer Simulation zum Zeitpunkt $t=280\,fs$ für eine Laserintensität von $6 \cdot 10^{19}\,W/cm^2$. Sowohl das gemessene als auch das simulierte Spektrum zeigen einen Peak in den Protonen, sowie die deutlich höhere Energie des Proton-Cutoff im Vergleich zum C^{6+}-Cutoff.*

die Protonen erst nach ungefähr 50 ns, also sechs Größenordnungen später als das Ende der Simulation, in der Thomson-Parabel eintreffen.
Die Simulation zeigt für den experimentell untersuchten Parameterbereich bei $10^{19..20}\,W/cm^2$ keine Peaks im Spektrum der C^{6+}-Ionen. Darüber hinaus konnten diese zwar auch in Simulationen beobachtet werden, jedoch erst bei Intensitäten von mehreren $10^{20}\,W/cm^2$. Für Intensitäten von weniger als $10^{19}\,W/cm^2$ konnten auch in den Simulationen für die Protonen keine Peaks mehr beobachtet werden.
Zur genaueren Untersuchung der zeitlichen Entwicklung des Beschleunigungsprozesses zeigt Abb. 5.4 eine Bildsequenz von 280 fs in Zeitschritten von 40 fs. Dabei interagiert der Laser während der ersten ungefähr 60 fs ($\tau_{FWHM}=27\,fs$) mit der Folie. Zunächst zu erkennen ist, dass es bereits nach 40 fs zur Bildung eines Peaks in den Protonen kommt, der nach 80 fs abgeschlossen ist. Der Peak entsteht also während der Zeit, in der der Laser mit der Folie interagiert, und ändert sich nach dieser Phase nicht mehr. Die Ausbildung des Energiespektrums der Kohlenstoff- und Fluor-Ionen ist ebenfalls nach dieser Zeit abgeschlossen. Die Maximalenergien wurden erreicht.
Ein besonderes Augenmerk gilt den Protonen und Elektronen. Die Energie der Elektronen nach 40 fs bzw. 80 fs steigt etwas schneller an, als die der Ionen und erreicht nach 80 fs ein Maximum. Nach Ende der Laserwechselwirkung nimmt sie erneut ab und erreicht nach Ende des Simulationszeitraums die gleiche normierte Energie wie die Kohlenstoff-Ionen und damit die gleiche Geschwindigkeit. Betrachtet man zusätzlich die zeitliche Entwicklung der Dichteverteilung in Abb. 5.5, so wird klar, dass ein überwiegender Teil der Elektronen am Ort der Folie bleibt. Anschaulich bedeutet dies, dass der Laser die Elektronen zu Beginn beschleunigt und auch zum Teil aus der Folie hinaus drückt, aber das Potential der Ionenrümpfe des Targets so groß ist, dass die Elektronen nicht entkommen können.
Im Gegensatz hierzu steigt die Maximalenergie der Protonen auch nach Ende der Laserwechselwirkung weiter an. Es muss also einen weiteren Beschleunigungsprozess geben, der hier wirkt. Anhand der Tatsache, dass die Elektronen den Protonen nicht folgen, kann

es nicht zu einer Ladungskompensation innerhalb der propagierenden Protonen kommen. Bei den relativ hohen Dichten, kommt es aber zu einer Coulomb-Abstoßung der Protonen untereinander, bzw. der Protonen mit dem restlichen Target, solange die Elektronen die Ladung der schweren Ionen nicht kompensieren. Von dieser profitieren vor allem die schnellen Protonen in der zu diesem Zeitpunkt bestehenden Energieverteilung. Diese sind schon weit genug vom Target separiert, um durch die Coulomb-Abstoßung gerichtet weiter in Vorwärtsrichtung beschleunigt zu werden. Die Protonen, welche den Peak bilden sind hingegen relativ langsam und haben nur die Energie, also Geschwindigkeit der Kohlenstoff-Ionen (0,5 MeV/u). Damit befinden sie sich noch innerhalb der Folie und gewinnen somit keine zusätzliche Energie durch diesen Effekt. Ein weiteres Indiz für diese Theorie ist die Betrachtung der Teilchenzahl. Die Anzahl der Teilchen im Peak ist stabil und ändert sich nach 80 fs nicht mehr, während bei den Protonen die eine höhere Energie als 0,5 MeV haben, also schneller als die schweren Ionen der Folie sind, die Gesamtzahl der Teilchen bei der Nachbeschleunigung ausschmiert.

5.1.3. Beschleunigungsprozess

Anhand der vorangegangenen Beobachtungen und des Vergleiches mit den Simulationen lässt sich ein Modell des Beschleunigungsprozesses aufstellen, welches die Beobachtungen erklärt. Abb. 5.6 skizziert ein in zwei Schritten ablaufendes Modell.

Im ersten Schritt findet eine Beschleunigung der Folie während der Laserwechselwirkung statt. Diese ist ein kollektiver Prozess (RPA) und führt zur Ausbildung der monoenergetischen Effekte. Die Elektronen werden dabei zu etwas höheren Energien beschleunigt, so dass sie auf der Vorderseite aus der Folie austreten können. Das Austreten der Elektronen für die verwendeten Experimentparameter spiegelt eine Verletzung der Gleichgewichtsbedingung aus Gl. 2.47 wieder. Der übertragene Impuls ist wie beschrieben zu groß für eine gleichmäßige Beschleunigung, aber zu klein für ein vollständiges Ablösen der Elektronenschicht. Wie in Kapitel 2.4.2 berechnet, liegt die Gleichgewichtsdicke für eine vollständige Impulsübertragung bei den verwendeten Laserparametern polarisationsabhängig bei $d_{Par,zirk}$=22 nm bis $d_{Par,lin}$=31 nm (a_0=5,3; σ_{zirk}=1,7 bzw. σ_{zirk}=2,6). Die verwendete 15 nm Folie mit σ=1,1 ist zu dünn für den Prozess.

Durch den zu großen Impuls und damit das Überschwingen der Elektronen wird ein zweiter Schritt in der Beschleunigung induziert. Die beschleunigten Elektronen, welche auf der Vorderseite aus der Folie herauskommen, führen zum Aufbau eines elektrischen Feldes, welches wiederum eine Nachbeschleunigung der Ionen bewirkt. Die Ionen werden zunächst in einem TNSA ähnlichen Prozess im Rahmen ihres Ladungs-zu-Masse-Verhältnisses beschleunigt, wobei die Protonen die meiste Energie gewinnen. Ein Teil der Protonen gewinnt dabei so viel Energie, dass er vor die Ionen der restlichen Folie kommt. Da die mittlere kinetische Energie der Elektronen nicht ausreicht, um dem Potential der Targetfolie zu entkommen, wird der überwiegende Teil durch das Potential und Stöße mit den Ionen abgebremst, bis sie deren Geschwindigkeit angenommen haben. Bedingt durch die thermische Energieverteilung der Elektronen erreicht aber ein kleiner Teil eine genügend große kinetische Energie, um aus dem Potential zu entkommen. Die auf diesem Weg verlorenen Elektronen werden im Target erst auf längeren Zeitskalen durch freie Elektronen der Umgebung kompensiert. Ein großer Teil der Population der schnellen Protonen hingegen hat genug kinetische Energie dem Potential zu entkommen. Dabei wirkt auf

5.1. BESCHREIBUNG DES BESCHLEUNIGUNGSPROZESSES

diese Protonen neben dem zunächst beschleunigenden Feld der Elektronen auch das repulsiv wirkende Feld der Ionenrümpfe, welches Ihnen einen zusätzlichen Impuls durch eine Coulomb-Abstoßung gibt.
Final wird so eine Energieverteilung erreicht, bei der ein Teil der Protonen in Folge der kombinierten Nachbeschleunigungsprozesse aus einer durch die Elektronen induzierten TNSA-ähnlichen Feldbeschleunigung und einer durch die schweren Ionenrümpfe induzierten Coulomb-Abstoßung, höhere Energien erreicht, als es im Falle der reinen RPA-basierten Beschleunigung möglich wäre. Darüber hinaus zeigen Experiment und Simulationen, dass bei niedrigen Intensitäten (kleiner $10^{18..19}$ W/cm^2) der kollektive Effekt verschwindet und eine Beschleunigung nur noch durch den TNSA-Prozess getrieben wird. Es wird also kein reiner RPA-Prozess beobachtet, sondern eine Überlagerung mehrerer Prozesse. Dennoch lässt sich die kollektive Komponente eindeutig beobachten und verifizieren.

KAPITEL 5. ERGEBNISSE UND DISKUSSION

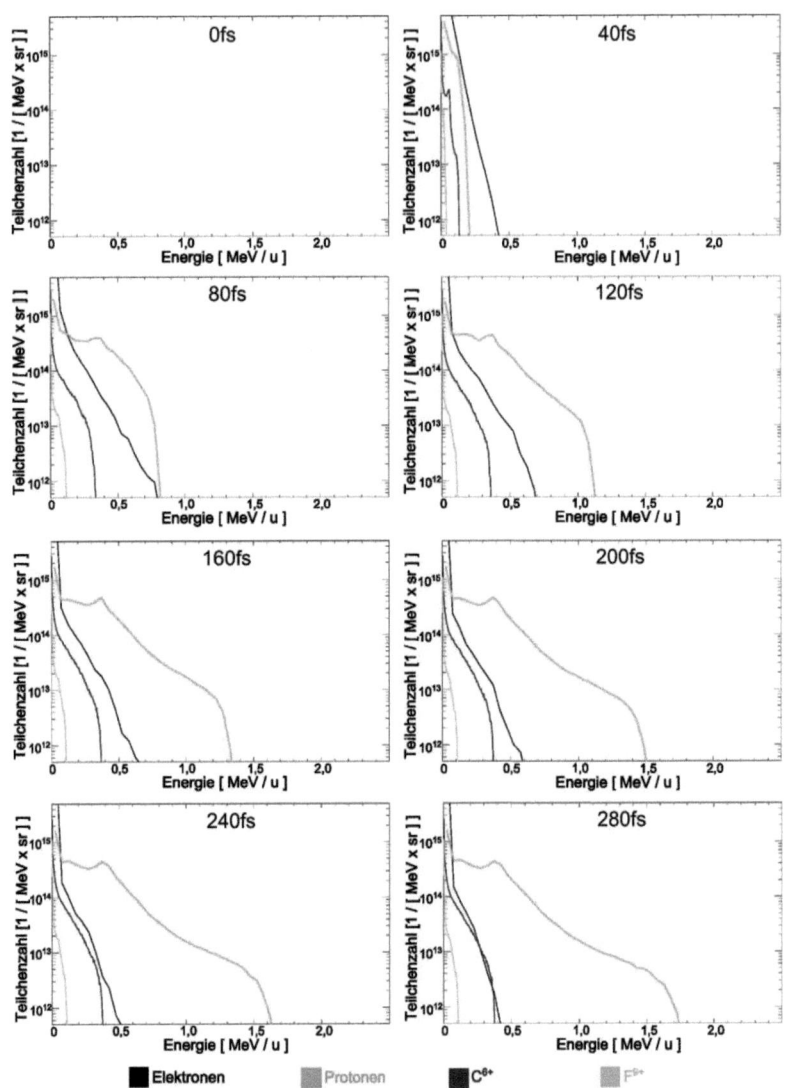

Abbildung 5.4.: *2D-Simulation der Energieverteilung für einen Laserschuss mit $6\cdot 10^{19}$ W/cm^2 auf die Parylen-Folie. Die Ausbildung einer Modulation im Proton-Spektrum tritt bereits nach 40-60 fs auf. Während dieser Zeit wechselwirkt der Laser noch mit dem Target. Nach 80 fs ist die Ausbildung des Peaks abgeschlossen. Die Maximalenergie für die schweren Ionen (Kohlenstoff und Fluor) wurde erreicht. Danach nimmt nur noch die Energie des Protonen-Cutoffs zu.*

5.1. BESCHREIBUNG DES BESCHLEUNIGUNGSPROZESSES

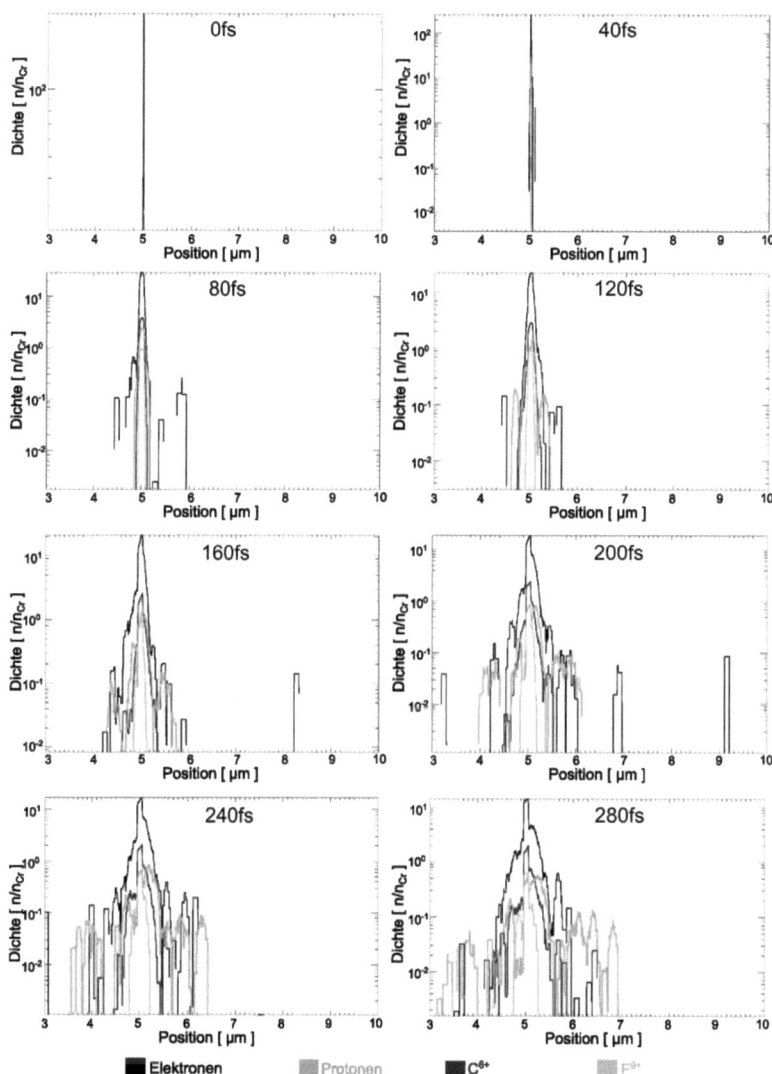

Abbildung 5.5.: *2D-Simulation der Dichteverteilung für einen Laserschuss mit $6 \cdot 10^{19}$ W/cm² auf die Parylen-Folie.*

KAPITEL 5. ERGEBNISSE UND DISKUSSION

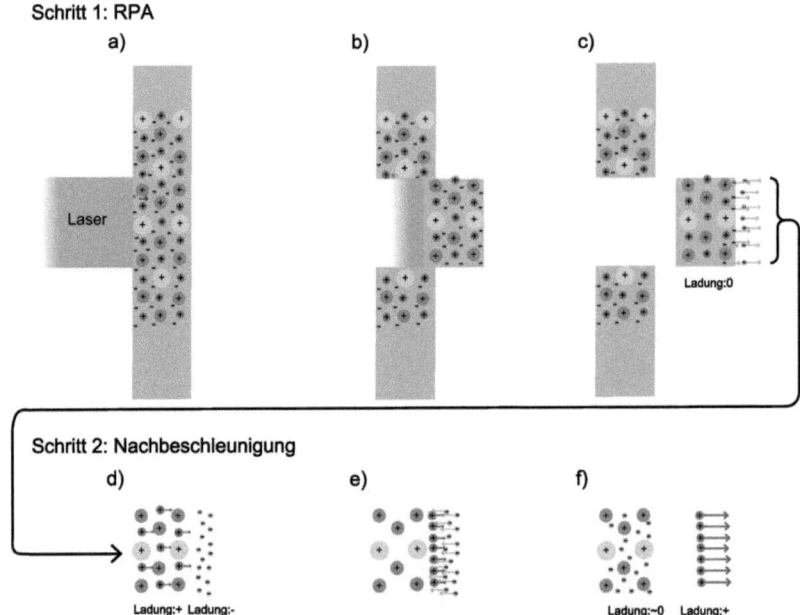

Abbildung 5.6.: *Schema des zweiteiligen Beschleunigungsprozesses. (a,b) In einer ersten Stufe wird die Targetfolie während der Wechselwirkung mit dem Laserpuls in einem teilweise kollektiven Prozess beschleunigt. (c) Dabei werden die Elektronen auf der Vorderseite aus der Folie hinaus gedrückt und bauen so (d) ein elektrisches Feld auf, in welchem die Ionen, insbesondere die Protonen nachbeschleunigt werden. (e) Die Energie der Elektronen ist nicht hoch genug um dem attraktiven Potential, vermittelt durch die Ionenrümpfe, zu entkommen. Die Elektronen verbleiben bei den schweren Ionen der Folie, wohingegen die (f) schnellsten Protonen genug kinetische Energie haben um dem Potential entkommen. Ihre Raumladung wird nicht durch die Elektronen kompensiert, so dass eine zusätzliche, repulsive Kraft in Form einer Coulomb-Abstoßung wirkt.*

5.2. Polarisationsabhängige Prozesse

Die beobachteten polarisationabhängigen Effekte entsprechen den erwarteten Vorhersagen, im Rahmen des feldinduzierten TNSA-Prozesses. Die in der Theorie [125] - für deutlich höhere Intensitäten (a_0) - vorhergesagte starke Abhängigkeit des kollektiven Prozesses von der Polarisation kann nicht beobachtet werden.
Zunächst entspricht das in Abb. 5.2 und 4.5b gemessene Verhalten für die feldabhängige Cutoff-Energie der Erwartung. Die Maximalenergie reduziert sich im Falle von zirkular polarisiertem Licht um einen Faktor 1,3 bis 1,5, was genau der Feldreduktion von $1/\sqrt{2} \approx 1,4$ (Gl. 2.10) entspricht.
Ein besonderes Augenmerk liegt auf den Peaks als Maß des kollektiven Prozesses. Die Betrachtung der Häufigkeit und Energien in Abb. 4.6 zeigt ein signifikantes Auftreten von Peaks bereits für eine Elliptizität von mehr als 20 %, wobei diese häufiger in den Kohlenstoffspezies, als den Protonen nachgewiesen werden konnten. Abb. 5.2 zeigt, dass auch Peaks bei der Verwendung von vollständig linear polarisiertem Licht auftreten.
Dies steht im Widerspruch zur bisherigen Annahme [125], dass der kollektive Prozess sich nur dann dominant ausbildet, wenn die Elektronen nicht geheizt werden. Diese Diskrepanz kann von den verschiedenen Parameterräumen abhängen. Das Experiment wurde für Intensitäten $10^{17..20}$ W/cm^2 durchgeführt, wohingegen in der Literatur überwiegend Intensitäten im Bereich $10^{21..23}$ W/cm^2 diskutiert werden. Unter diesen Bedingungen sind die Elektronen hochrelativistisch. Gleichzeitig werden für diese Intensitäten dickere als die verwendeten Targets angenommen, so dass mehr Elektronen geheizt werden. Betrachtet man mehr Elektronen, so kann die Wahl der Polarisation und damit das Erzeugen einer größeren Population heißer Elektronen eine Rolle spielen. Im Rahmen der Simulationen zu dieser Arbeit wurde auch der Fall eines linear polarisierten Laserpulses betrachtet. Es trat auch hier ein Peak im Spektrum auf, jedoch mit geringerer Signalhöhe. Ferner wurde für 10^{21} W/cm^2 in unabhängigen Simulationen [123] gezeigt, dass ein teilweise kollektiver Beschleunigungsprozess mit linear polarisiertem Licht möglich ist.
Die Auswertung der gemessenen Dosis (Abb. 4.5a) zeigt, dass diese bei der Verwendung von zirkular polarisiertem Licht abnimmt. Anpassen des gemessenen Dosis-Verhältnisses für Parylen in einer Messreihe mit einer kleineren Schrittweite ergab $D_{\text{lin.}} = (5,0 \pm 0,8) D_{\text{zirk.}}$. Abb. 5.7 zeigt das gemittelte Dosisverhalten für eine vollständige Messung zwischen linear und zirkular polarisiertem Licht bzw. umgekehrt. Für die Erklärung der Dosisverminderung um den gemessenen Faktor können mehrere Modelle aufgestellt werden.

1. **Schwarzkörperstrahlung:**
   a)
   Zunächst gilt unter der Annahme, dass die gemessene Dosis vollständig durch thermische Abstrahlung der Elektronen der Folie entsteht, dass die Trajektorie eines einzelnen Elektrons im Feld des Lasers beschrieben wird durch die in Kapitel 2.1.3 hergeleiteten Bewegungen. Bei der Verwendung von zirkular polarisiertem Licht ist das beschleunigende Laserfeld wie zuvor eingeführt um den Faktor $1/\sqrt{2}$ kleiner. Nimmt man ferner an, dass die maximale Energie des Elektrons E_e im elektrischen Feld dabei durch die maximale Feldamplitude gegeben ist, gilt

$$E_e = eU = e\left|\vec{E}_L\right| \tag{5.1}$$

KAPITEL 5. ERGEBNISSE UND DISKUSSION

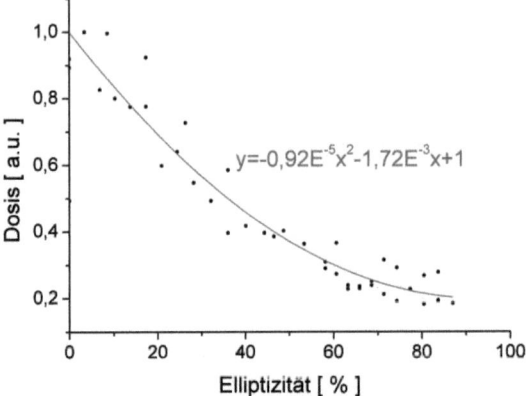

Abbildung 5.7.: *Verlauf der normierten gemessenen Dosis für eine Änderung der Polarisation zwischen linear und zirkular polarisierten Laserpulsen für eine Messung auf Grundlage von 107 Schüssen (pro Messpunkt und Richtung gemittelt). Eine Anpassung mittels eines Polynoms zweiten Grades beschreiben die Abhängigkeit dabei hinreichend.*

und somit die Temperatur T_e der Elektronen unter Benutzung von 2.24

$$\left|\vec{E}_L\right| \propto T_e. \tag{5.2}$$

Somit reduziert sich auch die Temperatur um den Faktor $1/\sqrt{2}$. Nimmt man an, dass die Folie sich wie ein idealer „schwarzer Körper"[1] verhält, so kann das Stefan-Boltzmann-Gesetz [204, 205] angewandt werden und für die abgestrahlte Leistung P_{S-B} gilt:

$$P_{S-B} \propto T_e^4. \tag{5.3}$$

Durch Einsetzen folgt direkt $P_{zirk.} = 1/4 \cdot P_{lin.}$ und damit eine theoretische Dosis-Reduktion um einen Faktor 4.

b)
Realistischer ist die Annahme, dass die Elektronen im mittleren ponderomotorischen Potential [59] aus 2.17 beschleunigt werden. Es folgt:

$$P_{S-B} \propto T_e^4 \sim \left|\vec{E}_L\right|^8. \tag{5.4}$$

Infolge der zwei Raumrichtungen, in die die Elektronen für zirkular polarisiertes Licht schwingen, gilt:

$$P_{S-B} \propto E_x^8 + E_y^8 = 2\left|\vec{E}_L\right|^8 \tag{5.5}$$

woraus ein Faktor 2 folgt und somit unter erneuter Verwendung des Stefan-Boltzmann-

---

[1]Der Begriff, eingeführt durch G. Kirchhoff, beschreibt einen idealen Körper, welcher ein perfekter Absorber und gleichzeitig ein idealer Emitter ist [203].

5.2. POLARISATIONSABHÄNGIGE PROZESSE

Gesetzes $P_{\text{zirk.}} = 1/8 \cdot P_{\text{lin.}}$.
Keines der obigen Modelle spiegelt die Messung exakt wieder, daher sollen weitere Ansätze behandelt werden.

2. **Bremsstrahlung:**
Statt der Annahme, dass die Abstrahlcharakteristik der Folie der eines schwarzen Körpers entspricht, kann auch von Bremsstrahlung der Elektronen im Target oder des entstandenen Plasmas ausgegangen werden. Für die in Bremsstrahlung abgestrahlte Leistung P_{Brems} gilt [206–208]:

$$P_{\text{Brems}} \propto \sqrt{T_e}, \tag{5.6}$$

was mit den oben angenommenen Elektron-Energien E_e einer Dosis-Reduktion von weniger als 2 entsprechen würde, und das Ergebnis noch schlechter widerspiegelte.

Diese klassischen Beschreibungen können das Ergebnis im Rahmen der Fehlergrenzen nicht exakt widerspiegeln. Weiterführende Untersuchungen zur besseren Reproduktion des Ergebnisses mit numerischen Methoden, wie etwa in [168], wäre möglich. Diese wurden jedoch im Rahmen dieser Arbeit nicht weiter verfolgt, da die Dosiseffekte nur von sekundärem Interesse sind.

Betrachtet man darüber hinaus das in Abbildung 4.5a gezeigte Dosisverhalten von Parylen- und Kohlenstoff-Folie so ergibt sich ein auf die Dicke normiertes gemessene Verhältnis der Dosis von $D_{\text{DLC}} = (6, 2 \pm 1, 5) D_{\text{Parylen}}$. Die Elektronendichte des Polymers ist wie in Tabelle 2.1 berechnet nur ungefähr einen Faktor zwei geringer ist als die der Kohlenstoff-Folie. Nimmt man zunächst an, dass die Dosis linear mit der Anzahl der vorhandenen Elektronen steigt, wie es in einer Maxwell-Boltzmann-Verteilung für das thermische Bremsstrahlungsspektrum der Fall wäre [206] so wird dieses Verhältnis unzureichend wiedergegeben. Hierfür können mehrere Gründe in Frage kommen. Wenn die in Kapitel 2.2.2 beschriebenen Absorptionseffekte unterschiedlich ausgeprägt sind, was infolge der verschiedenen Elektronendichte der Fall sein sollte, so absorbiert die Folie bzw. das Plasma unterschiedlich gut Energie. Dadurch erhöht sich, analog zur vorangegangenen Diskussion auch die abgestrahlte Leistung. Eine weitere Möglichkeit wäre, dass die Parylen-Folie nicht vollständig ionisiert wird. Bei der maximalen Intensität von $6 \cdot 10^{19}$ W/cm^2 treten bei der DLC Folie nur noch Protonen und C^{6+}-Spuren auf. Es ist also davon auszugehen, dass eine vollständige Ionisation vorliegt. Bei den Parylen-Folien hingegen sind immer mehrere Ladungszustände der Ionen zu messen. Folglich ist diese nicht vollständig ionisiert. Die Anzahl der freien Elektronen ist also von vornherein geringer, welche die gemessene Diskrepanz ebenfalls erklären könnte.
Ein weiteres Ergebnis lässt sich aus der Kombination der gemessenen Resultate für Dosis und Cutoff-Energie herleiten. Während die Cutoff-Energie bei der Verwendung von zirkular polarisiertem Licht nur um einen Faktor $\sqrt{2}$ abnimmt, verringert sich die Dosis ungefähr um einen Faktor 4 bis 6. Der Quotient aus erzeugter Dosis und maximal erreichter Teilchenenergie gibt einen Hinweis für die praktische Anwendbarkeit der Laser-Teilchenbeschleunigung im heute üblichen TNSA-Regime. Abb. 5.8 zeigt die Kombination der Daten aus 4.5a und 4.5b, das Dosis-pro-maximaler-Teilchenenergie Signal.

KAPITEL 5. ERGEBNISSE UND DISKUSSION

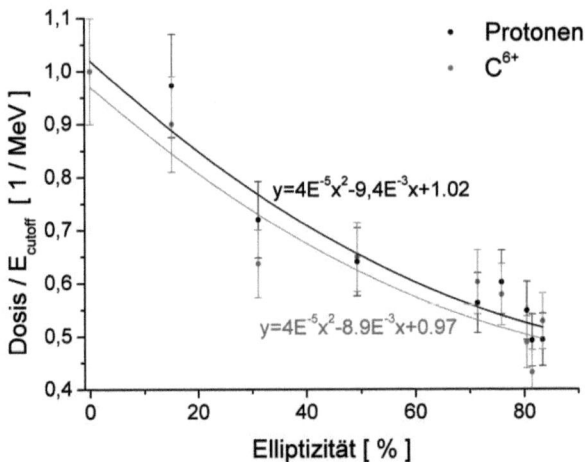

Abbildung 5.8.: *Verhältnis von Dosis zu Maximalenergie in Abhängigkeit der Polarisation. Bei der Verwendung von zirkular polarisiertem Licht ist die erzeugte Dosis bei Maximalenergie ca. einen Faktor zwei geringer.*

Mit dem Ziel möglichst hohe Teilchenenergien bei möglichst geringer Dosis zu erzeugen, etwa für medizinische Anwendungen [209–211], bietet die Verwendung von zirkular polarisierten Laserpulsen eine Unterdrückung der entstehenden Strahlung um einen Faktor zwei. Bei ausreichender Laserleistung um die gewünschte Teilchenenergie trotz der Verwendung von zirkular polarisiertem Licht zu erzeugen kann so z.B. die Strahlenbelastung für einen Patienten gesenkt werden.

5.3. Stabilisierung des Beschleunigungsprozesses

Die durchgeführten Untersuchungen zur Stabilisierung des Beschleunigungsprozesses haben unterschiedliche Auswirkungen auf die ablaufenden Prozesse. Das in Kapitel 4.5.1 beschriebene Verfahren des Ausheizens der Folien ließ sich nur auf die DLC-Folien anwenden. Es wurde gezeigt, dass ohne Heizen der Folie die im Spektrum auftretenden Protonen zum Teil von einer Oberflächenkontamination her beruhen. Dabei ändert sich zwar die Teilchenzahl, die Energien bleiben jedoch vergleichbar. Somit hat das Ausheizen keinen direkten Einfluss auf den Beschleunigungsprozess. Peaks im Spektrum wurden mit und ohne Ausheizen bei der DLC-Folie relativ selten beobachtet. Das thermische Reinigen der Parylen-Folie ist wegen der Beschaffenheit des Polymers nicht möglich. Eine Aussage über die Kontamination lässt sich dennoch unter Berücksichtigung einiger Annahmen machen. Abb. 5.9 zeigt einen Zwischenschritt bei der Erstellung der Spektren. Gezeigt ist die Signalstärke je Pixel entlang der Spuren der Protonen und der C^{6+}-Ionen aus einer ungeheizten bzw. ausgeheizten 5 nm dicken DLC-Folie bzw. einer ungeheizten Parylen-Folie. Die Spektren sind beide bei gleicher Intensität ($6 \cdot 10^{19}$ W/cm^2) aufgenommen, so dass der gleiche Ionisationsgrad angenommen werden kann. Somit ist das Integral über dieses Signal proportional zur absoluten gemessenen Anzahl G der detektierten Teilchen auf der Thomson-Parabel. Die Bildung des Quotienten G_P/G_{C6+} gibt das Proton-zu-Kohlenstoff-Verhältnis an. Die ungeheizte Kohlenstoff-Folie hat $G_{DLC,u}$=1,47, die ausgeheizte $G_{DLC,a}$=1,17. Erwarten würde man beim Ausheizen ein $G_{DLC,a}$=0, da keine Protonen in oder auf der Folie vorhanden sein sollten. Bei der Parylen-Folie ist das Verhältnis $G_{Par,u}$=1,25. Hier enthält allerdings die Folie selbst Protonen, welche am Beschleunigungsprozess teilnehmen können.

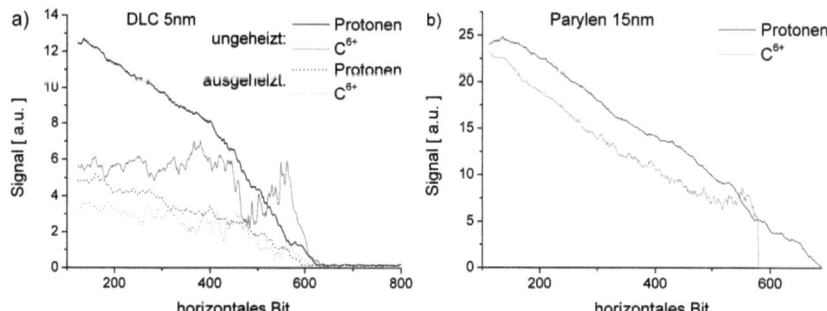

Abbildung 5.9.: *Zur absolut gemessenen Teilchenzahl proportionales Signal. a) Bei einer 5 nm dicken DLC-Folie, welche mit einem zweiten Laser thermisch ausgeheizt wurde, ist zu erkennen, dass die gemessenen Spektren nach dem Ausheizen deutlich weniger Protonen-Signal erzeugen. b) Die 15 nm dicke Parylen-Folie zeigt im direkten Vergleich ein deutlich ausgewogeneres Verhältnis von Protonen zu C^{6+}-Ionen.*

Im Vergleich mit dem Ergebnis der DLC-Folie lässt dies zwei Schlüsse zu. Entweder kommen die gemessenen Protonen nur aus der Oberflächenkontamination. In diesem Fall würde sich auf dem Parylen, welches ein sehr inertes Material ist, weniger Kontamination ansammeln und die Folie steuert dem Beschleunigungsprozess selbst wenig oder keine Protonen bei. Die andere Möglichkeit wäre, dass sich auf dem Parylen wenig Oberflächenkontamination ansammelt und die Protonen zum Teil aus dem Target selber stammen. Für letztere Hypothese sprechen zwei Tatsachen. Die erste folgt aus dem Spektrum der Schüsse auf Parylen selbst. In diesen befinden sich neben den Proton- und Kohlenstoff-Spuren auch mehrere Spuren von beschleunigten Fluor-Ionen (vgl. Spuren in Abb.4.2), welche in der Folie vorhanden sind. Dass es sich dabei um eine Oberflächenkontamination handelt, kann ausgeschlossen werden, da diese bei der Verwendung von DLC-Folien nicht auftraten. Dies bestätigt, dass auch Ionen aus der Folie beschleunigt werden und somit neben dem Fluor höchstwahrscheinlich auch ein Teil der gemessenen Protonen aus der Folie selber stammt. Ein weiteres Argument ist das Auftreten der Proton-Peaks. Im Rahmen des erläuterten Beschleunigungsprozesses kommen diese kollektiv beschleunigten Protonen aus dem Target selbst.

Genauere Untersuchungen der Rolle der Kontaminationsschicht im TNSA-Prozess von dickeren Targets werden in der Literatur unter anderem in [23, 212–214] diskutiert, wobei eine gemessene Schichtdicke der Kontamination von 1 nm angegeben wird [215].

Ein Vergleich der totalen Teilchenzahl anhand Abb. 5.9 normiert auf gleiche Targetdicke zeigt, dass die Beschleunigung aus der DLC-Folie etwa einen Faktor 1,3 mehr Teilchen erzeugt. Hier ist ein direkter Vergleich zur Deutung des Phänomens schwierig, da es sowohl unterschiedliche Materialien, als auch unterschiedliche Dicken sind. Denkbar wäre, dass bedingt durch die dickere Folie das Potential der Ionenrümpfe größer ist und so weniger Teilchen stark genug beschleunigt werden um diesem zu entkommen. Eine Dickenabhängigkeit des TNSA-Prozesses für jeweils gleiche Materialien wird in der Literatur beschrieben [27, 109, 216].

Die zweite Untersuchung mittels des Streu-Pulses verdeutlicht, dass der Beschleunigungsprozess als solcher aktiv beeinflusst werden kann. Abb. 4.9a zeigt, dass die Cutoff-Energie der Protonen abnimmt, wenn der Streu-Puls die Folie vorher erreicht. Dabei nimmt die Energie binnen 4 ps um etwa die Hälfte ab, danach verschwindet das Signal vollständig. Dieses Verhalten korreliert mit dem Verhalten für einen Schuss mit einem schlechten Laserkontrast. Verwandelt der Streu-Puls die Folie zu früh in ein Plasma, welches expandiert, nimmt die Elektronenzahl ab, was dazu führt, dass der Pump-Puls nicht mehr genug Elektronen heizen kann, damit eine effektive Beschleunigung stattfindet.

Eine Veränderung der Peak-Energie ist auf deutlich kleineren Zeitskalen von der Verzögerung des Streu-Pulses abhängig. Im Rahmen der Schwankungen kann ein Anstieg der Energie im Bereich zwischen -1 ps und +1 ps beobachtet werden. Das Ausbleiben von Peaks bei größeren positiven Verzögerungen deutet darauf hin, dass der kollektive Effekt (RPA), wie in Abschnitt 5.1.3 beschrieben, nur bei einer kalten Folie mit hoher Dichte auftreten kann. Bildet sich ein Plasma aus, so nimmt die Elektronendichte ab und der Pump-Puls kann keine stabile Elektronschicht mehr beschleunigen. Dabei zeigt ein Vergleich der Zeiten, bis die Störung sich auf den RPA- bzw. den TNSA-Prozess auswirkt, dass letzterer unempfindlicher ist und auch bei einer beginnenden Plasmaausbildung noch stattfinden kann.

Um den Anstieg der Peak-Energie erklären zu können, muss zunächst hergeleitet werden, von welchen Parametern dieser abhängt. Eine längere Pulsdauer bei gleichem elektrischen Feld könnte die Elektronen länger kollektiv treiben, was wiederum die kollektive Ionenbe-

5.3. STABILISIERUNG DES BESCHLEUNIGUNGSPROZESSES

schleunigung verbessern würde. Anschaulich bedeutet dies anhand Abbildung 5.6, dass die RPA-Stufe verlängert wird (vgl. Kapitel 5.5). Eine andere Möglichkeit wäre eine Erhöhung der Elektronendichte, um das in Gl. 2.47 beschriebene Gleichgewicht herzustellen. Dies kann wie beschrieben durch ein dickeres Target oder eine höhere Elektronendichte kompensiert werden. Eine mögliche Erklärung wäre, dass der Streu-Puls von der Vorderseite her eine Schockwelle durch die Folie treibt, also zu einer Erhöhung der Elektronendichte führt, siehe Abb 5.10. Trifft der Pump-Puls zeitlich mit der durch das Target propagierenden Schockwelle auf der Rückseite des Targets zusammen, so wird diese reflektiert und verstärkt, was in der Literatur bei dicken Targets, insbesondere im Hinblick auf die Trägheitsfusion[2] ein mit großem Interesse untersuchtes Phänomen ist [221–224]. Das Studium der Schockwellen ist dabei besonders von Interesse, um die nötige homogene Kompression zu erzielen.

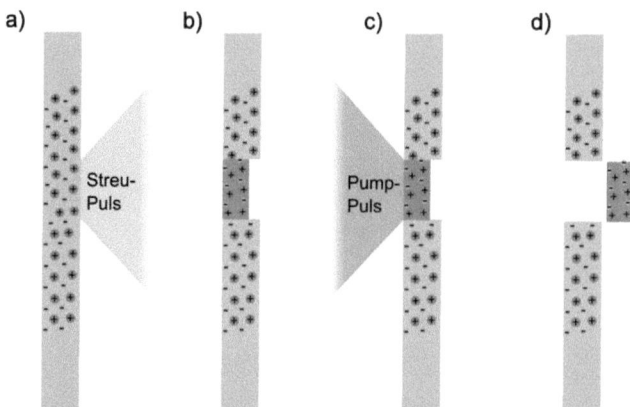

Abbildung 5.10.: *Schema der Verbesserung der kollektiven Beschleunigung durch einen vorpulsgetriebenen Schock, welcher zu einer Erhöhung der Targetdichte führt. a) Der auf die Targetvorderseite fokussierte Streupuls erzeugt eine Schockwelle, b) welche durch das Target propagiert und dieses verdichtet. c) Trifft der Pump-Puls im richtigen Moment auf die Targetrückseite, so wird die d) komprimierte Schicht beschleunigt.*

Anhand der Messungen lässt sich abschätzen, dass die Schockwelle die 15 nm-Folie in 1 bis 2 ps durchläuft, was einer Geschwindigkeit von 7 bis 15 km/s entspricht. Die laserinduzierte Schockausbreitung in einem Wasser-Kohlenstoff-Gemisch wurde von *Pezeril et al.* [222] bei Intensitäten von mehreren 10^{11} W/cm^2 untersucht, wobei dabei Geschwindigkeiten zwischen 2 und 3 km/s gemessen wurden. Messungen von *Miller et al.* [225] bei $10^{15..17}$ W/cm^2 zeigen Geschwindigkeiten von 10 bis 20 km/s in Quarzglas, also bei deutlich höheren Dichten. Bei relativistischen Intensitäten von 10^{20} W/cm^2 zeigen Messungen an Plastikkugeln von *Henig et al.* [226] Geschwindigkeiten von 3000 km/s. Diese vergleichbaren Größen-

---

[2] Zur Verschmelzung von Deuterium und Tritium wird in eine mit diesen beiden Wasserstoffisotopen gefüllte Kugel von außen, z.B. durch Laserstrahlung, Energie eingebracht. Wird die Kugel und der darin enthaltene Brennstoff dabei genügend schnell erhitzt und verdichtet (Lawson-Kriterium [217]) kann es zur Fusion kommen [218–220].

ordnungen zeigen, dass eine durch den Streu-Puls induzierte Schockwelle und damit eine Vorverdichtung des Targets eine mögliche Erklärung für die höhere Energie liefert. Wie genau diese Ausbreitung in der 15 nm dicken Schicht stattfindet, kann experimentell nicht beobachtet werden, da auch bei Vorhandensein einer geeigneten Strahlungsquelle für eine radiographische Untersuchung, z.B. mit K_α-Quellen [227, 228] die nötige Auflösung nur schwer zu realisieren sein dürfte.

5.4. Auswertung der Rückstreu-Spektren

Die Auswertung der Rückstreu-Spektren lässt keinen kollektiven Rückstreu-Effekt an einer dichten Elektronenschicht erkennen. Die vereinzelt auftretenden Strukturen in Abb. 4.12 folgen soweit analysiert keiner klaren Struktur in der Abhängigkeit der Verzögerung oder sonstigen Parametern.
Dies ist im Einklang mit den vorher gemessenen Resultaten. Werden die gemessenen Peaks in den Protonen (Abb. 5.2) als einen Indikator für einen kollektiven Beschleunigungsprozess angenommen, so treten diese bei einer Energie von maximal 2 MeV/u, im Mittel eher 1 MeV/u, auf. Unter der Annahme, dass die Elektronen, an denen die Streuung stattfindet, mit diesen kopropagieren, so wie es im Rahmen eines RPA-basierten Prozesses vorausgesagt ist, hätten sie die gleiche Geschwindigkeit, also nur 1/1836 der Energie. Unter Verwendung von Formel 2.56 berechnet sich die theoretische Blauverschiebung des Spektrums im relativistischen Fall mit einer Zentralwellenlänge von $\lambda_L =$ 790 nm zu $\Delta\lambda_{0,5\,keV} \approx$ 77 nm bzw. $\Delta\lambda_{1\,keV} \approx$ 103 nm. Das Maximum des blauverschobenen Peaks liegt also sehr dicht am, bzw. im Spektrum (vgl. Abb. 2.6 für den Fall E_e=0,5 MeV), so dass es vom Signal der fundamentalen Laserstrahlung überschattet wird. Experimente, wie in der Literatur beschrieben [229–231] zur Streuung an einer relativistischen Elektron-Schicht (engl.: flying mirror) könnten bei diesen Parametern nicht realisiert werden.
Eine zweite Frage, die nur anhand der Simulationen beantwortet werden kann, ist die erwartete Signalhöhe. Wie in Abb. 5.5 ersichtlich, nimmt die Elektronendichte rasch ab. Aus genaueren Betrachtungen der Simulationen geht hervor, dass sie nach 280 fs um einen Faktor 40 abgenommen hat und nach etwa 600 fs unterkritisch wird. Mittels Formel 2.52 lässt sich die Anzahl der Rückstreu-Photonen unter der Annahme einer Streuung an freien Elektronen zu ungefähr $7 \cdot 10^5$ abschätzen, mit einer Gesamtenergie von weniger als 200 fJ. Dies ist, verglichen mit der Gesamtzahl der Photonen im Streu-Puls (1 mJ $\widehat{=}$ $4 \cdot 10^{16}$ Photonen) also nur ein Faktor 10^{-11} des Signals.
Unter der Annahme eines kohärenten Streuprozesses, wie der Streuung an einer dichten, überkritischen Elektronenschicht ($n_e > n_{Cr}$) wäre der Wirkungsquerschnitt deutlich größer. Es konnten jedoch keine Beobachtungen diesbezüglich gemacht werden, obwohl eine Abrasterung auf Zeitskalen von wenigen hundert Femtosekunden durchgeführt wurde. Diese Messung wurde unter Verwendung von zirkularer Polarisation gemacht, analog zu den Simulationen. Möglicherweise führen die Imperfektionen der Verzögerungsplatte mit der maximalen Elliptizität von 84% an dieser Stelle zu einem schnelleren thermischen Heizen der Elektronen, als im Falle der idealen Polarisation in der Simulation, so dass die Elektronendichte rascher abnimmt als angenommen und die Folie bereits früher unterkritisch wird.

5.5. Folgeexperimente

Die vorangegangene Interpretation der Daten beschreibt ein in sich schlüssiges Bild eines Beschleunigungsprozesses. Im Hinblick auf die Erzeugung monoenergetischer Teilchenspektren lassen sich Strukturen erkennen, die jedoch trotz einiger Versuche das Signal besser herauszuarbeiten, bisher keine optimalen Ergebnisse liefern, welche über die reine Untersuchung des Effektes hinausgehen. An dieser Stelle sollen einige Vorschläge und Pläne diskutiert werden, in welche Richtung Untersuchungen zunächst ausgebaut werden können.

Der beschriebene Beschleunigungsprozess 5.1.3 zeigt deutliche Anzeichen, dass die Folie zu dünn für einen stabilen RPA-Prozess ist. Unter Verwendung der gleichen Laserparameter könnte die Nutzung von dickeren Folien im Bereich von 22 bis 31 nm den kollektiven Beschleunigungsprozess unterstützen. Abbildung 5.12 zeigt die zu verschiedenen Intensitäten korrespondierenden Foliendicken gemäß Formel 2.47. Während des oben beschriebenen Experiments wurde mit einer weiteren Parylen-Folie gearbeitet, die jedoch durch Probleme während der Herstellung eine schwankende Dicke hatte und deshalb kein konsistentes Bild zeigte. Zwischenzeitlich wurden daher neue Targets mit Foliendicken von 27 nm produziert, welche zukünftig verwendet werden sollen.

Zum Erreichen höherer Peak-Energien gibt es mehrere Vorgehensweisen. Wie in Abschnitt 5.3 erläutert, konnte eine Komprimierung der Folie und damit eine Erhöhung der Elektronendichte, die Peak-Energie steigern. Die höhere Elektronendichte lässt sich auch künstlich durch Aufbringen eines Elementes mit mehr Elektronen auf die Rückseite der Folie realisieren. Zu diesem Zweck wurden auf 27 nm dicke Parylen-Targets eine zusätzliche Goldschicht mit einer Dicke von 5 nm durch Magnetron-Sputtern [232] aufgebracht. Dabei wird der fertige Targethalter besputtert, wobei die Schwierigkeit in der Vermeidung von thermischen Einträgen während des Sputterprozesses liegt. Durch Optimierung der Prozessparameter überstehen circa 90% der Folien den Prozess. Das Gold liefert mit einer Elektronendichte von n_e=4,27·10^{24} e/cm^3 11-mal mehr Elektronen ($\sigma_{Au,5\,nm}$=4,3). Zusammen mit der 27 nm dicken Parylen-Folie ($\sigma_{Par,27\,nm}$=2,04) ist dieses Target dann zwar einen Faktor zwei zu dick, jedoch ist das homogene Sputtern von Gold bei dünneren Schichten auf ein Polymer nicht gewährleistet. Durch eine neue Fokussier-Parabel mit kürzerer Brennweite kann der Fokus zusätzlich verkleinert werden, was Intensitäten von bis zu 2·10^{20} W/cm^2 ($a_0 \approx 10$) ermöglicht und somit für die neuen Targets ideale Bedingungen schafft. In einer Strahlzeit am JETI-Lasersystem wurden beide Konzepte erprobt. Abb. 5.11 zeigt, dass eine zusätzliche Goldschicht dabei zu Modulationen in den schweren Ionensorten führt. Diese können in mehreren Ladungszuständen beobachtet werden. Auch ohne detaillierte Auswertung wird anhand der Geraden gleicher Energie deutlich das auch hier ein kollektiver Effekt auftritt. Dabei können mehrere Modulationen in einer Spur auftreten. Wie genau dieser Effekt zu erklären ist, konnte aus Zeitgründen im Rahmen dieser Arbeit nicht mehr untersucht werden. Mehrere Modulationen pro Spur entsprechen zunächst nicht dem Bild des RPA-Prozesses. Dort würde die kollektiv beschleunigte Folie nur zu einer Modulation führen. Denkbar wäre, dass durch den großen Unterschied in der Elektronendichte unterschiedliche Feldgradienten im vorderen und hinteren Teil der Folie auftreten oder bei den hohen Intensitäten vorwiegend ein Coulomb-Explosion getriebene Beschleunigung stattfindet. Dies ist allerdings an dieser Stelle rein spekulativ und bedarf

5.5. FOLGEEXPERIMENTE

der Auswertung aller Spektren unter Berücksichtigung aller Experimentparameter.

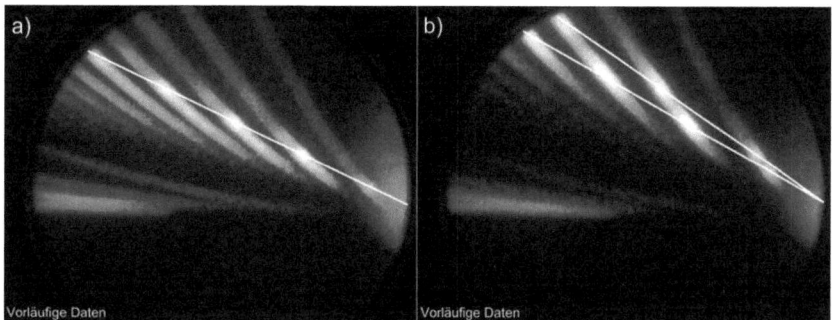

Abbildung 5.11.: *Vorläufige Daten der Energiespektren einer mit zusätzlicher Goldschicht bedampften Parylen-Folie. a) Zu erkennen sind starke Modulationen in den schweren Ionensorten b) wobei auch mehrere Modulationen pro Spur auftreten können. Die Linien durch den Nullpunkt entsprechen hierbei Geraden gleicher Energie.*

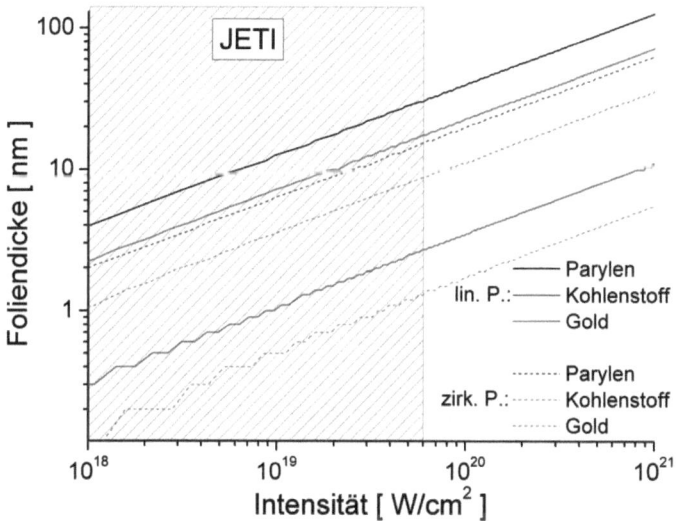

Abbildung 5.12.: *Berechnung der idealen Foliendicke für Parylen, Kohlenstoff (DLC) und Gold in einem Intensitätsbereich von $10^{18}\,W/cm^2$ bis $10^{21}\,W/cm^2$.*

Die untere Grenze von mehreren $10^{18}\,\mathrm{W/cm^2}$ für den kollektive Prozess konnte bei den Experimenten am JETI-Lasersystem gefunden werden. Eine Möglichkeit die Peaks zu

95

KAPITEL 5. ERGEBNISSE UND DISKUSSION

höheren Energien zu verschieben könnte die Nutzung längerer Laserpulse bei gleichbleibender Intensität bewirken, was die Dauer der kollektiven Beschleunigung erhöht. Dies lässt sich am JETI-Lasersystem nicht realisieren, da bereits die maximal mögliche Energie verwendet wurde. Experimente hierzu sollen z.b. am PHELIX-Laser[3] realisiert werden, welcher mit einer Pulsdauer von 400 fs und möglichen Pulsenergien von mehr als 150 J diese Bedingung erfüllt. Über Vorarbeiten zur Kontrastverbessung, welche dieses Experiment erst ermöglichen, wird ausführlich in Kapitel B im Anhang dieser Arbeit berichtet. Mit einer geeigneten Fokussierung wären darüber hinaus auch höhere Intensitäten in Bereich von $10^{20..21}$ W/cm^2 möglich, was bei entsprechendem Kontrast ein Studium der Beschleunigung mit ultra-dünnen Folien bei diesen Laserparametern erlaubte. Hier wäre die geeignete Dicke der Parylen-Folie im Bereich von 40 bis 120 nm bzw. bei DLC- Folien 23 bis 70 nm. Es ist nicht auszuschließen, dass mit den DLC-Folien bei höheren Intensitäten Resultate, ähnlich zu denen von [29] gezeigt werden können. Ein genauer Zeitplan für diese Experimente steht noch nicht fest.

Es ist damit zu rechnen, dass bei längeren Pulsdauern die Polarisation des Laserstrahl doch eine Rolle spielt, da die Elektronen nicht nur länger kollektiv beschleunigt werden, sondern auch stärker durch Oszillationen im Laserfeld geheizt werden. Während in dieser Arbeit noch konventionelle Verzögerungsplatten mit einer maximalen Elliptizität von 84% verwendet wurden, kann bei langen Pulsdauern eine möglichst hohe Elliptizität, also eine hohe Güte des zirkular polarisierten Lichtes entscheidend sein. Daher wurde im Rahmen dieser Arbeit eine reflektive Verzögerungsplatte entwickelt, die neben der Anwendung für die Belange der Laser-Teilchenbeschleunigung von generellem Interesse für Hochintensitäts-Laser Anwendungen ist. Über diese Ergebnisse wird ebenfalls im Anhang in Kapitel A berichtet.

---

[3]Pettawatt HochEnergie-Laser für SchwerIonen-EXperimente am GSI Helmholtzzentrum für Schwerionenforschung GmbH

6. Zusammenfassung

Das Hauptaugenmerk dieser Arbeit liegt auf der Beschreibung eines Beschleunigungsprozesses, welcher über die bekannte, durch eine Separation der Elektronen herbeigeführte feldinduzierte (TNSA) Laser-Teilchenbeschleunigung hinausgeht. Die in den vergangenen Jahren größtenteils theoretisch beschriebenen Prozesse einer auf Lichtdruck (RPA) basierenden kollektiven Beschleunigung wurden erstmalig im Rahmen einer hohen Statistik untersucht. Dabei konnte die Abhängigkeit von verschiedenen Parametern wie Intensität, Polarisation, dem Vorhandensein eines Vorpulses und der Targetdicke untersucht werden.

Um die theoretisch vorhergesagten Parameter zu erreichen wurden dazu neben der Nutzung bekannter dünner, diamantartiger Kohlenstoff-Folien die Entwicklungen spezieller Targets in Form freitragender Polymer-Folien mit einer Dicke von wenigen Nanometern betrieben. Das Herstellungsverfahren hierfür wurde als Patent angemeldet.
Im Rahmen einer Kollaboration des Helmholtz-Instituts Jena, konnten am JETI-Lasersystem bei Intensitäten von bis zu $6 \cdot 10^{19}$ W/cm^2 Experimente mit diesen Targets durchgeführt werden. Dabei wurde durch die Nutzung eines Plasma-Spiegels der benötigte Laserkontrasts von 10^9 erreicht. Durch die Verwendung verschiedener Diagnostiken, wie einer Thomson-Parabel zur Messung der Teilchenenergie, einem optischen Spektrometer zur Messung des von der Folie rückgestreuten Lichtes und einer empfindlichen Kamera zur Messung der erzeugten Röntgen-Strahlung, konnte ein konsistentes Modell abgeleitet werden, welches sich mit den Erwartungen aus der Literatur für zum Teil höhere Intensitäten und bisherigen Experimenten auf diesem Gebiet deckt.

Die experimentellen Ergebnisse bestätigen in Verbindung mit den durchgeführten 2-D Simulationen das Vorhandensein eines zweigeteilten Beschleunigungsprozesses. Hierbei findet in einer ersten Stufe, so lange wie der Laser mit der Folie wechselwirkt, eine kollektive Beschleunigung statt, die zur Ausbildung monoenergetischer Anteile im Energiespektrum führt. Ein klarer Beweis ist, dass die gemessenen Peaks für unterschiedliche Ladungszustände von Kohlenstoff-Ionen bei gleichen Energien auftreten, ein Effekt der sich nicht durch den klassischen TNSA-Prozess erklären lässt. In einer zweiten Stufe findet eine Nachbeschleunigung der Ionen und insbesondere der Protonen aufgrund des hohen Ladungs-zu-Masse-Verhältnisses, statt. Diese wird teilweise durch ein elektrisches Feld, entstehend durch ein kurzzeitiges Separieren der Elektronenschicht von den langsameren Ionen, sowie durch das repulsive Potential der Protonen zu den Ionen, bzw. der Protonen untereinander getrieben. In Übereinstimmung mit der Theorie spricht dies dafür, dass die verwendete Folie für die Laserparameter etwas zu dünn war.
Der beobachtete kollektive Prozess (RPA) als erster Beschleunigungsschritt konnte dabei für Intensitäten von mehreren 10^{18} W/cm^2 nachgewiesen werden, was höheren Intensitäten entspricht, als sie für den TNSA-Prozess nötig sind aber gleichzeitig niedriger als bisher angenommen. Im untersuchten Intensitätsbereich ist das Auftreten dieses Prozesses, al-

KAPITEL 6. ZUSAMMENFASSUNG

so das Auftreten von Modulationen im Spektrum nur sehr schwach von der gewählten Polarisation abhängig, was in dieser Form ebenfalls erstmalig experimentell beobachtet wurde. Die Energie der Modulation variiert, wenn auch schwächer, als im TNSA-Prozess mit der Polarisation. Bei der Verwendung von Folien welche deutlich dicker sind, tritt kein RPA-basierter Effekt mehr auf.

Zur Verifikation wurden andere Diagnostiken und Versuche zur Beeinflussung des Beschleunigungsprozesses hinzugezogen. Durch den Vergleich von vor dem Laserschuss ausgeheizten bzw. nicht ausgeheizten Kohlenstoff-Folien lassen sich Rückschlüsse auf den Einfluss der oberflächlichen Kontaminationsschicht ziehen, welche im Vergleich mit den Polymer-Folien auf deren geringere Kontamination schließen lassen. Gleichzeitig wird gezeigt, dass die gemessenen Modulationssignale von Protonen und Ionen aus der Folie selbst stammen.

Durch einen zweiten rückseitig auf die Folie treffenden Streu-Puls mit geringerer Energie, der mit einer Genauigkeit von einigen Femtosekunden relativ zum Pump-Puls verschoben werden kann, konnte die Abhängigkeit von der Vorplasmabildung untersucht werden. Während der Streu-Puls den TNSA-Prozess nur insofern beeinflusst, dass ein zu früh gebildetes Vorplasma die maximal messbare Energie verringert und der Prozess schließlich ganz ausbleibt, ist das Verhalten auf den kollektiven Peak komplexer. Hier findet ebenfalls eine Unterdrückung statt, diese allerdings auf sehr viel kleineren Zeitskalen. Daraus lässt sich schließen, dass der RPA-Prozess nur in einer kalten Folie ohne Plasmabildung stattfinden kann. Zusätzlich kann, wenn der Streu-Puls zeitlich weniger als 1 ps vor dem Pump-Puls eintrifft, eine Energieerhöhung des Peaks gemessen werden. Dies kann durch eine Schockwelle und die damit verbundene Erhöhung der Elektronendichte des Targets erklärt werden, wobei eine Abschätzung der Laufzeit die Theorie der Schockwelle bestätigt. Trifft diese zeitlich mit dem Pump-Puls zusammen, stehen dem kollektiven Beschleunigungseffekt mehr Elektronen zur Verfügung, wodurch eine höhere Energie erzielt werden kann.

Abschließend wurde das Spektrum des Streu-Pulses analysiert. Hier konnte in Übereinstimmung mit den Ergebnissen aus dem Energiespektrum kein relativistisch gestreuutes Spektrum mit kürzerer Wellenlänge beobachtet werden. Dies spricht für die Annahme, dass die kollektiv mit der Protonen-Schicht propagierende Elektron-Schicht die innerhalb des RPA Prozesses gebildet wird, keine relativistischen Geschwindigkeiten erreicht.

Darüber hinaus wurden, wie im Anhang dieser Arbeit diskutiert, Vorbereitungen für Experimente mit anderen Laserparametern durchgeführt. Zum einen sind dies Messungen und Verbesserungen am bestehenden PHELIX-Lasersystem. Hier wurden unter anderem spontane Emission des Systems auf Nanosekunden Zeitskalen als ein relevanter Störfaktor für die Nutzung der vorangehend beschriebenen dünnen Folien identifiziert. Durch den Einbau einer zusätzlichen Pockelszelle als trennendes optisches Element im Bereich des Vorverstärkers konnte die spontane Emission soweit reduziert werden, dass nun auch Folien im Nanometerbereich verwendet werden können. Dies ermöglicht in Verbindung einer neuen am Anfang der Laserkette stehenden Verstärkerstufe die Nutzung der dünnen Folien für Experimente, welche zukünftig geplant sind.

Als zweite, ebenfalls im Anhang diskutierte Entwicklung, wurde ein Spiegel entwickelt, welcher die einfallende lineare Polarisation eines breitbandigen Laserpulses bei der Reflexion in zirkulare Polarisation ändern kann. Im Gegensatz zur Verwendung konventioneller

Verzögerungsplatten hat dies viele Vorteile. Neben der vergleichsweise hohen Elliptizität von mehr als 98% über die ganze Fläche, sind dies die 400-fach höheren Zerstörschwelle, die geringe Dispersion und die technische Realisierbarkeit auf großen Flächen. In einem zweiten Schritt wurde der einzelne Spiegel in ein System mit insgesamt vier Spiegeln integriert, welches die Verwendung völlig analog zu einer Verzögerungsplatte ermöglicht und die Tauglichkeit dieses Sytems für den Laboralltag demonstriert. Dabei wurden die hohe Güte der Polarisation im Vergleich zu einer konventionellen Verzögerungsplatte, sowie die anderen bereits am Einzelspiegel gemessenen Parameter bestätigt.

A. Reflexive Polarisationskontrolle

Im Rahmen der Untersuchungen zur Lichtdruck getriebenen Beschleunigung (RPA) wurde gezeigt, dass die Verwendung von zirkular polarisiertem Licht zur Erzeugung eines monoenergetischen Anteils im Energiespektrum zwar nicht unbedingt von Nöten ist, aber auf den Beschleunigungsprozess besonders im Hinblick auf die zu erwartende Energie eine wichtige Rolle spielt. Für den im Kapitel 5.5 gegebenen Ausblick auf zukünftige Entwicklungen und Folgeexperimente kann die Beeinflussung der Polarisation eine Rolle spielen. Zur Erzeugung von monoenergetischen Peaks bei höheren Energien ist eine zwangsläufig höhere Laserintensität von $10^{21..23}$ W/cm^2 nötig, wie sie in der Theorie schon seit langem, selbstverständlich behandelt wird [125]. Die experimentelle Entwicklung von Lasersystemen in diesen Leistungsklassen schreitet ebenfalls voran. Eines der sich daran anschließende Probleme ist, dass in diesem Regime das Erzeugen heißer Elektronen durch die Verwendung von linear polarisiertem Licht die Ausbildung eines stabilen Beschleunigungsprozesses behindern kann.

Benötigt wird dann eine Möglichkeit einen Laserpuls mit extrem hohen Leistungsdichten zirkular zu polarisieren und dabei die restlichen Strahleigenschaften nicht zu beeinflussen. Der bisherige Königsweg ist die Nutzung von Verzögerungsplatten, welche einen Phasenunterschied $\Delta\phi$ durch den Laufzeitunterschied innerhalb eines biaxialen Kristallgitters erzeugen [3]. Diese Methode der Polarisationsbeeinflussung hat mehrere Nachteile. So werden Verzögerungsplatten aus einem Kristall abgeschlagen oder geschnitten und dann auf die erforderliche Dicke d poliert. Diese ist abhängig von der Wellenlänge λ, dem ordentlichen- und außerordentlichen Brechungsindex ($n_{o.}$; $n_{ao.}$) und dem Phasenschub $\Delta\Phi$ gegeben als:

$$d = \frac{\Delta\Phi \cdot \lambda}{\pi \cdot (n_{ao.} - n_{o.})}. \tag{A.1}$$

Die Dicken dieser Kristalle im Bereich des optischen Spektrums liegen im Bereich weniger Mikrometer. Daraus ergibt sich für die Herstellung das Problem der Stabilität großflächiger Verzögerungsplatten. Darüber hinaus ist eine exakte Phasenanpassung nur für eine Wellenlänge möglich, so dass bei Kurzpuls-Lasern mit höheren Bandbreiten nur ein kleiner Wellenlängenbereich den gewünschten Phasenschub erfährt. Die spektralen Randbereiche des Pulses werden in der Phase unter- bzw überkompensiert. Weitere Nachteile der Verzögerungsplatte - als ein transmittives Element im Strahlengang - ist die geringe Zerstörschwelle sowie die Veränderung von Pulseigenschaften durch Dispersion im Medium (engl. group-delay dispersion (GDD)) [233–235].

Eine Lösung dieser Probleme kann ein reflexives Element in Form eines dielektrisch beschichteten Spiegels sein, welcher im Rahmen dieser Arbeit entwickelt und getestet wurde. Grundidee dieses phasenschiebenden Spiegels (engl.: phase-shifting mirror (PSM)) ist ein gezielter Phasenversatz des elektrischen Feldes in Abhängigkeit der Polarisation relativ zur reflektierenden Fläche. Dabei wird die parallel zur Oberfläche schwingende Feldkomponente als p-polarisiert, die senkrecht dazu schwingende Komponente als s-polarisiert

ANHANG A. REFLEXIVE POLARISATIONSKONTROLLE

bezeichnet. Typischerweise wird eine Strahlführung so aufgebaut, dass bei einem linear polarisierten Laser das Feld vollständig parallel oder senkrecht zur Reflexionsebene steht. Dreht man Elemente der Strahlführung jedoch so, dass es eine p- und eine s- polarisierte Komponente gibt, tritt ein Phasenversatz auf. Dieser ist durch die Materialparameter, die Wellenlänge und den Einfallswinkel bestimmt. Durch eine Anpassung der reflektierenden Schicht kann dann der Phasenversatz beeinflusst werden.
Die einfachste Form eines dielektrisch-hochreflektierenden Spiegels ist ein Aufbau mit alternierenden Schichten unterschiedlichen Brechungsindexes mit der Dicke $\lambda/4$. Komplexere Aufbauten lassen sich numerisch simulieren, durch die Verwendung der Matrix-Methode [3]. Hierbei wird der komplexe und polarisationsabhängige Brechungsindex einer jeden Schicht durch eine 2x2-Matrix dargestellt. Die gewünschten Strahleigenschaften, wie im vorliegenden Fall ein bestimmter Phasenschub, lassen sich mittels Optimierungsalgorithmen durch Variation der Schichtdicke bestimmen.
In Kollaboration mit der Firma Layertec wurde ein Schichtdesign für einen 90°-Umlenkspiegel für die Wellenlänge $\lambda = (800 \pm 40)\,\text{nm}$ und einem Phasenversatz von $\Delta\phi = 90°$ berechnet. Dieses besteht aus 24 Schichten mit einer Basisschicht aus Silber und hat eine Reflexivität von 98 %. Abbildung A.1 zeigt als Ergebnis der Simulation die berechnete Reflexivität und den erwarteten Phasenversatz im relevanten Wellenlängenbereich.

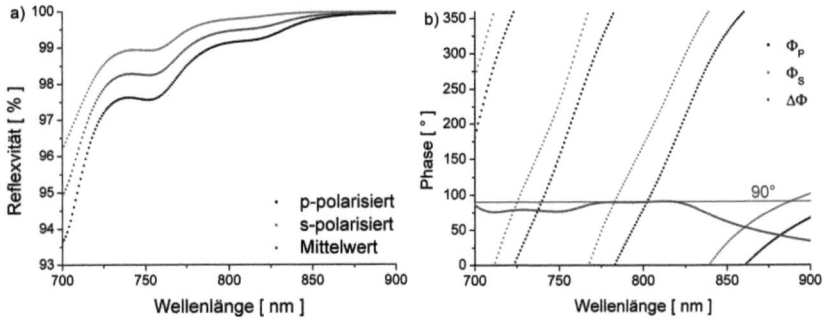

Abbildung A.1.: *Mittels Matrix-Methode simuliertes Design für den PSM: a) Reflexivität und b) Phase im relevanten Wellenlängenbereich.)*

Das Schichtdesign wurde auf einem (160 x 120 x 20) mm Substrat durch Magnetron-Sputtern realisiert [232][1]. Um gleiche Anteile in der einfallenden s- und p-Komponente zu erreichen, wurde der Spiegel um 45° zur Einfallsebene rotiert, bzw. der Polarisationswinkel des einfallenden Strahls um 45° zur Spiegeloberfläche mittels einer Verzögerungsplatte gedreht.
Die Messung wurde mit einem Kurzpuls Ti:Sa-Lasersystem[2] durchgeführt. Wie in Abb. A.2 dargestellt wird die Polarisation des einfallenden Pulses mittels einer Wellenplatte gedreht und abschließend durch einen polarisierenden Strahlteilerwürfel mit hohem Löschungsverhältnis unerwünschte Feldkomponenten entfernt. Dieser um 45° zur Einfallsebene des Spiegels gedrehte Puls wurde vom PSM reflektiert und durch einen zweiten

---
[1]Layertec Charge: B1110010
[2]Femtopower: Compact Pro (0,7 mJ; 23 fs; 4 kHz; $\lambda = (790\pm 50)$ nm)

polarisierenden Strahlteilerwürfel, der als Analysator dient, auf eine Kamera abgebildet. Durch Drehung des Analysators und Messung der Bildintensität konnte die Polarisation winkelabhängig dargestellt werden.

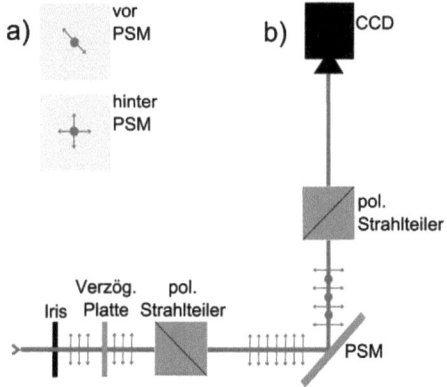

Abbildung A.2.: *a) Verhalten der Phase vor- bzw. hinter dem phase-shifting-mirror (PSM). b) Messaufbau zur Vermessung der reflektierten Phase und des Strahlprofils mithilfe einer CCD-Kamera.*

Durch Drehen des Analysators in 10°-Schritten und der Aufnahme eines Bildes bei jeden Schritt kann die Intensität bestimmt werden. Aus jedem Bild wurde, nach Abzug des Hintergrundrauschens, der mittlere Bit-Wert der hellsten 20 % der Kamera-Pixel berechnet. Dieser ist im linearen Ereignisbereich der Kamera proportional zur auftreffenden Energie. Die Elliptizität ϵ, als ein Maß für die Güte der Polarisation, lässt sich aus dem Verhältnis der minimalen und maximalen Feldstärke berechnen als [3]:

$$\epsilon = \frac{E_{\text{min.}}}{E_{\text{max.}}} = \sqrt{\frac{I_{\text{min.}}}{I_{\text{max.}}}}. \tag{A.2}$$

Hierbei ist für ϵ=[-1,1] die Welle vollständig zirkular polarisiert und für ϵ=0 die Welle vollständig linear polarisiert. Die Darstellung der Messwerte in Polarkoordinaten mit den Daten einer Vergleichsmessung mit einer $\lambda/4$-Wellenplatte niedriger Ordnung aus Glimmer zeigen die deutlich besseren Eigenschaften des PSM.
Eine Abschätzung mittels Anpassungs-Funktion für das elektrische Feld in Abhängigkeit des Polarwinkels φ, der Form:

$$E(\varphi) = A \cdot \sin(2\varphi + \varphi_1) + B \cdot \sin(\varphi + \varphi_2) + C \tag{A.3}$$

ermöglicht die Bestimmung der Polarisation. Hierbei beschreibt die Amplitude A im ersten Term die Abweichung von der zirkularen Polarisation. Im zweiten Term beschreibt B eine Modulation, welche durch den Strahlteilerwürfel entsteht und hier nicht weiter beachtet wird. Abbildung A.3a), b) und A.3c), d) zeigen für den PSM und die Wellenplatte die Modulation im elektrischen Feld. Hierbei wurde der Maximalwert auf 1 normiert.

ANHANG A. REFLEXIVE POLARISATIONSKONTROLLE

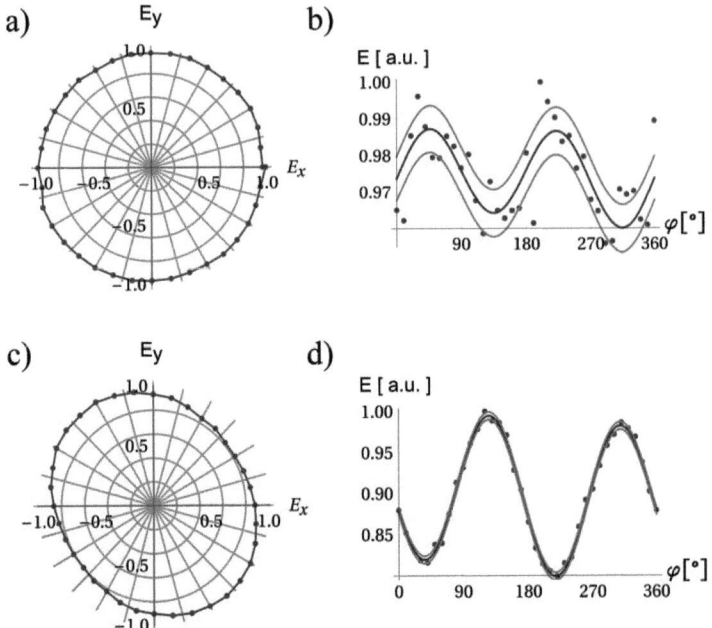

Abbildung A.3.: a),b) *Darstellung des gemessenen Feldverlaufs für den PSM und* **c),d)** *die $\lambda/4$-Wellenplatte. Die blauen Linien entsprechen der Anpassung gemäß Formel A.3, die grauen Linien markieren das 0,9 Konfidenzintervall.*

Es ergibt sich eine Elliptizität von $\epsilon_{PSM} = (98,3 \pm 0,6)\,\%$. Im Vergleich dazu wird mit der $\lambda/4$-Wellenplatte nur $\epsilon_{\lambda/4} = (83,6 \pm 3,4)\,\%$ erreicht. Bei der Wellenplatte handelt es sich um die gleiche, die während des Experimentes am JETI Laser verwendet wurde. Vorangehende Daten beziehen sich daher auf diese Messung. Im Rahmen der Charkterisierung des PSM wurden weitere Eigenschaften wie die Zerstörschwelle und die zweite Ordnung Gruppendispersion (engl.: group delay dispersion (GDD)) untersucht.
Wechselwirkt ein Laserpuls mit Materie, so kommt es zu einer Änderung der Pulseigenschaften. Die wellenlängenabhängige Gruppendispersion ist eine Materialeigenschaft, welche durch den Dispersionskoeffizienten D_2 des Materials beschrieben wird. Die Pulsdauer τ_F eines Gauß-Pulses in Folge der Dispersion nach dem Durchgang durch Materie lässt sich berechnen zu [236]:

$$\tau_F = \tau_0 \sqrt{1 + \left(4\ln 2 \frac{D_2}{\tau_0^2}\right)^2}. \tag{A.4}$$

Aus der Simulation des Schichtdesign folgt $D_2=40\,\text{fs}^2$, was bei einem 24 fs langen Puls einer Pulsverbreiterung von $\Delta\tau_{th}=0{,}44\,\text{fs}$ entspricht. Dies stimmt im Rahmen der Fehlergrenzen auch der durchgeführten Autokorrelator[3]-Messung mit einer Pulsverbreiterung von $\Delta\tau_{ex} = (0{,}2 \pm 1{,}1)\,\text{fs}$ überein.
Eine Messung der Zerstörschwelle war im Rahmen der Laserparameter nur bei Fokusdurchmessern im Bereich von $0{,}1\,\text{mm}^2$ möglich, was deutlich unter den üblichen Fokusgrößen von $1\,\text{mm}^2$ für diese Messungen liegt. Für kleinere Foki ergibt sich mit einem Korrekturfaktor von 2-3 [237] eine Zerstörschwelle von $5 \cdot 10^{12}\,\text{W/cm}^2$, was mit anderen Zerstörtests dielektrischer Beschichtungen übereinstimmt [238, 239]. Damit liegt die Zerstörschwelle circa 400 mal höher als die einer Wellenplatte aus Quarz [240] und noch deutlich höher als die einer Glimmer-Platte, welche in dem betrachteten Spektralbereich eine höhere Absorption hat [241]. Die hier vorgestellten Ergebnisse wurden veröffentlicht in [242].
In einem nächsten Schritt wurde ein Aufbau (Abb. A.4) realisiert, welcher die Verkippung des PSM und somit ein Umschalten zwischen linearer und zirkularer Polarisation ohne Strahlversatz ermöglicht. Der Strahl wird über vier Spiegel abgelenkt, wobei der erste oder der letzte Spiegel der PSM sein kann. Der gesamte Aufbau kann um die Einfallsachse rotiert werden, so dass ein zu Beginn linear polarisierter Laserpuls nach Durchlaufen des Kabinetts zirkular polarisiert ist. Dies setzt voraus, dass die übrigen drei Spiegel keinen weiteren Phasenschub hinzufügen. Es handelt sich um sog. Null-Phasen-Spiegel[4] (0°-PSM), die analog zu dem Design des PSM so berechnet wurden, dass die s- und die p-polarisierte Komponente den gleichen Phasenschub erfahren. Die einfachste und zugleich kostengünstigste Lösung hierbei ist ein Zwei-Schicht-Design bestehend aus einer Silberschicht und einer Schutzschicht. Dies führt dazu, dass der Spiegel beide Phasenkomponenten um 180° schiebt, was einem invarianten Phasenschub entspricht.
Eine Vermessung der Elliptizität des Gesamtsystems analog zu der vorangegangenen Messung ergibt $\epsilon = (90 \pm 0{,}1)\,\%$. Hierbei wurde durch Drehung des Kabinettes demonstriert, dass ähnlich wie bei einer $\lambda/4$ Platte zwischen linearer und zirkularer Polarisation gewechselt werden kann. Abb A.5 zeigt, dass ein zu Beginn vollständig linear polarisierter Laserpuls hinter dem Kabinett in Abhängigkeit des Rotationswinkels den Polarisationszustand ändert. Dabei ist der Phasenschub wie erwartet symmetrisch zu beiden Seiten. Unabhängig von der Rotation muss der Kippwinkel der Spiegel sehr nahe am Designeinfallswinkel von 45° liegen, um den gewünschten Phasenversatz zu gewährleisten. Dieser Nachteil beruht auf der geringen Toleranz gegen Dickenvariationen des Schichtaufbaus. Um eine quantitative Aussage treffen zu können, wurde zirkular polarisiertes Licht mit einem 0°-PSM umgelenkt und der Einfallswinkel durch Verkippen dabei leicht variiert. Hinter dem Spiegel wurde die Elliptizität erneut gemessen (Abb. A.6). Ausgehend von einer Eingangselliptizität von $\epsilon = (98{,}3 \pm 0{,}3)\%$ wird durch einen Spiegel ein Verlust von $\Delta\epsilon=3{,}8\%$ induziert. Dies deckt sich mit der Messung der Gesamtelliptizität. Der Akzeptanzwinkel der Spiegel liegt bei ungefähr $(42{,}5 \pm 2{,}5)°$.
Die GDD der 0°-PSMs ergibt sich aus dem Spiegeldesign zu unter $D_2=2\,\text{fs}^2$, so dass die GDD des Gesamtsystems bei ca. $46\,\text{fs}^2$ liegt. Eine Messung der Pulsdauer mit einem spektralen Interferometer (engl.: spectral phase interferometry for direct electric-

---

[3]FemtoMeter™
[4]Layertec Charge: B0711032

ANHANG A. REFLEXIVE POLARISATIONSKONTROLLE

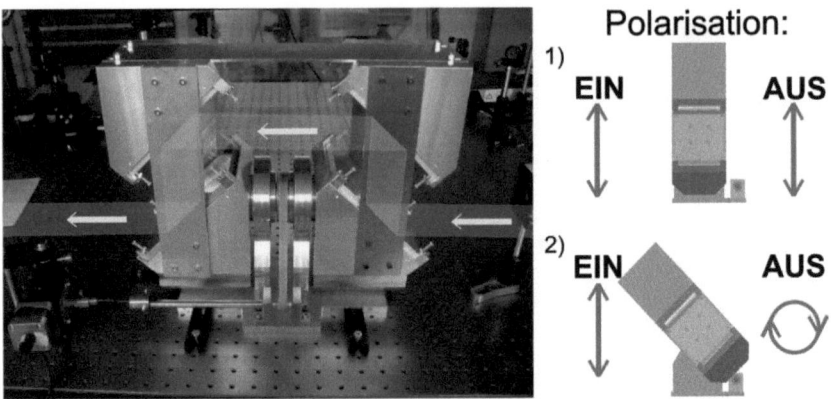

Abbildung A.4.: *Spiegelkabinett zur schnellen Umschaltung zwischen linear und zirkular polarisiertem Licht, ausgelegt für einen Strahldurchmesser von d=10 cm. Durch Verkippung des Kabinetts lässt sich hierbei die lineare Eingangspolarisation erhalten, oder verändern.*

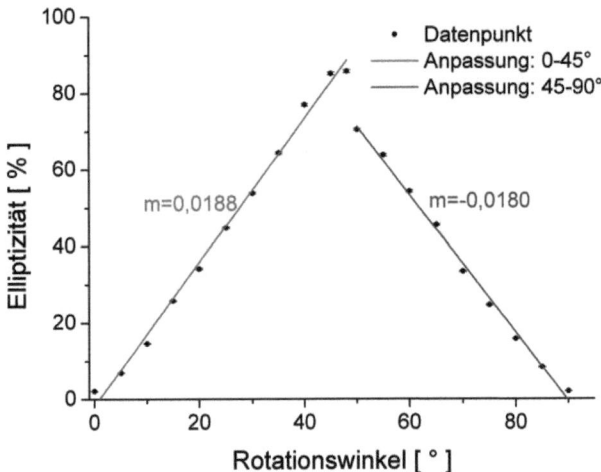

Abbildung A.5.: *Messung der Elliptizität in Abhängigkeit des Rotationswinkels. Die Elliptizität verändert sich symmetrisch und linear zu beiden Seiten des Maximums.*

field reconstruction (SPIDER))[5] [243] bei einer gegebenen Pulsdauer von in diesem Fall $\tau_0 = (27 \pm 1)$ fs zeigte keine Pulsverbreiterung im Rahmen der Messgenauigkeit. Aus Formel A.4 folgt rechnerisch $\Delta\tau_{th}=0{,}41$ fs, was unterhalb der Messbarkeitsgrenze liegt. Die

---
[5] APE SPIDER; 10-40fs

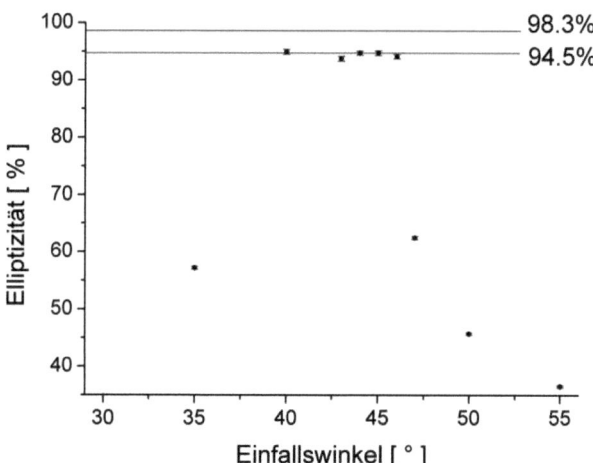

Abbildung A.6.: *Die Toleranzanalyse des Einfallswinkels zeigt, dass die Phase nur für einen Winkelbereich von* $\Phi = (42{,}5 \pm 2{,}5)°$ *erhalten bleibt.*

Beschichtung der 0°-PSMs erfolgte analog zur vorherigen Beschichtung durch Magnetron-Sputtern unter Verwendung der gleichen Materialien bei einem einfacheren Schichtdesign. Es ist davon auszugehen, dass die Zerstörschwelle äquivalent zu der des PSM ist, da es in dem einfachen Schichtdesign nicht zu Intensitätsüberhöhungen kommen kann. Somit hat auch das Gesamtsystem eine Zerstörschwelle, die rund 400-mal höher ist als die einer Wellenplatte aus Quarz. Die Summe dieser Eigenschaften macht das Spiegelkabinett zu einer idealen Alternative für die Phasenmanipulation zur Anwendung bei hohen Laserintensitäten. Eine weitere Applikation dürfte die Anwendung bei ultra-kurzen Laserpulsen im Bereich weniger Femtosekunden sein, für die dispersionsfreie Elemente eine essentielle Voraussetzung sind. Über die Ergebnisse zum gesamten Spiegelkabinett wurde ferner berichtet in [244].

B. Unterdrückung der Spontanen Laseremission am Lasersystem PHELIX

Die in dieser Arbeit beschriebenen Ergebnisse zur Lichtdruck-Beschleunigung (RPA) durchgeführten Experimente konnten nur einige der zu beeinflussenden Parameter, wie die Polarisation, oder die Abhängigkeit von einem induzierten Vorplasma abdecken. Weitere interessante Parameter, wie sie insbesondere theoretisch schon lange behandelt werden, sind die Intensität bzw. die Pulsdauer. Das JETI- Lasersystem konnte dabei Intensitäten im Bereich von 10^{19} W/cm^2 mittels niedriger Energien (0,5-1 J) bei kurzen Pulsdauern (27 fs) erreichen. Eine Alternative stellen Laser der Petawatt-Leistungsklasse dar [245, 246], die meist Größenordnungen mehr Energie bei längeren Pulsdauern liefern. Der Laserkontrast muss jedoch immer beherrschbar niedrig bleiben um eine Plasmabildung und damit die vorzeitige Zerstörung des Targets zu verhindern. Die Adaptierung kontrastverbessernder Maßnahmen an solch einem Lasersystem soll daher nachfolgend behandelt werden, mit dem Ziel die Voraussetzungen für Experimente zu erfüllen.

Der **P**etawatt **H**och**E**nergie-**L**aser für **S**chwer**I**onen-E**X**perimente PHELIX ist ein ebenfalls auf dem Strecken-Verstärken-Komprimieren ((CPA)) Prinzip beruhender dreistufiger Ti:Sa/Nd:Glas Laser, welcher aktuell Leitungen von bis zu 400 TW liefert (E=150 J, τ=400 fs). Er wurde 2008 am GSI Helmholtzzentrum für Schwerionenforschung in Darmstadt in Betrieb genommen. Eine detaillierte Beschreibung des Lasers erfolgt in [247, 248]. Besonders hervorhebenswert ist dabei die weltweit sehr seltene Möglichkeit, kombinierte Experimente mit dem Laser und dem vom Beschleuniger UNILAC [249] produzierten Schwerionenstrahl durchzuführen.

Die durchgeführten Experimente im Rahmen verschiedener Kollaborationen wie dem LIGHT-Projekt [113], der Laserlab-Europe Aktivitäten, sowie diverse Experimente von Seiten Dritter decken unterschiedlichste experimentelle Fragestellungen wie die Etablierung von Röntgenlasern [248, 250–252], Gas-Harmonischen [253–255], der Untersuchung von Plasmen [168, 256, 257] und warmer-dichter-Materie (WDM) [258], oder der Laser-Teilchenbeschleunigung im TNSA-Regime [259] ab.

Dieses Kapitel behandelt die Untersuchung und Unterdrückung der verstärkten spontanen Laser-Emission (engl. amplified spontaneous emission (ASE)) durch den PHELIX Vor- und Hauptverstärker. Dies geschieht im Rahmen eines Projektes zur Kontrastverbesserung des Gesamtsystems - auch im Hinblick für ein geplantes Experiment [260] zur Lichtdruck-Beschleunigung. Ziel ist ein Kontrast von besser 10^9. Dabei wird zweischrittig vorgegangen. Ein Teil der bestehenden ersten Verstärkerstufe soll durch einen schnellen optisch-parametrischen Verstärker mit Strecker und Kompressoreinheit ersetzt werden [261, 262]. Dies erhöht den Kontrast der ersten Verstärkerstufe auf einen Faktor größer 10^{12} [263] bei einer Ausgangsenergie von 20-30 mJ. Die zweite Veränderung über

ANHANG B. UNTERDRÜCKUNG DER SPONTANEN LASEREMISSION AM LASERSYSTEM PHELIX

die hier berichtet wird, wurde in der Vorverstärkereinheit, bestehend aus drei Nd:Glas Verstärkerköpfen durchgeführt. Die Verstärkung von spontaner Emission tritt dann auf, wenn sich das aktive Medium im angeregten Zustand befindet. Unabhängig davon, ob der Anregungszustand schon die Laser-Schwelle überschritten hat, kann die Wechselwirkung eines spontan emittierten, oder von außen eingebrachten Photons, ein angeregtes Atom oder Molekül des aktiven Mediums zur Emission eines weiteren Photons bringen. Die Verstärkung und die Energie, welche durch ASE in der Targetkammer auftritt, kann abgeschätzt werden. Dazu wird vereinfacht angenommen, dass in jeder Mode des Vorverstärkers, die sich im System ausbreiten kann, ein Photon erzeugt wird, welches dann um einen Faktor G verstärkt wird. Für die Anzahl der anschwingenden Moden spielen geometrische Faktoren, die durch die Abbildung des Laserstrahls im System gegeben sind eine Rolle. Es gilt für die Energie deponiert durch ASE:

$$E_{ASE} = N_{Zeitl.} \cdot N_{Räuml.} \cdot G \cdot h \cdot \nu \tag{B.1}$$

mit:

$$N_{Zeitl.} = \frac{\Delta t_{ASE}}{\Delta \tau_{Bandbr.}} \; ; \quad N_{Räuml.} = \left(\frac{d \cdot D}{\lambda \cdot f}\right). \tag{B.2}$$

Dabei ist d die Größe der Lochblenden in Vor- bzw. Hauptverstärker, D der Strahldurchmesser, f die Brennweite der Abbildungslinse, $N_{Zeitl.}/N_{Raeuml.}$ die Anzahl der anschwingenden Moden und λ die Wellenlänge. Für die PHELIX Parameter ergeben sich die Werte aus Tabelle B.1

Tabelle B.1.: *Angenommene Parameter und Berechnung der spontanen Emission am Lasersystem PHELIX.*

Größe	Vorverstärker	Hauptverstärker
Verstärkung	70	50
Pinhole Größe [mm]	2,85	3,85
Lebensdauer Nd:Glas [s]	$2,5 \cdot 10^{-4}$	
Bandbreite [s]	10^{-13}	
räuml. Moden	$1,83 \cdot 10^4$	$3,34 \cdot 10^4$
zeitl. Moden	$2,5 \cdot 10^9$	
ASE Strahldurchmesser [mm]	1,07	1,44
theo. E_{ASE} Einzel [mJ]	0,6	0,79
theo. E_{ASE} Gesamt [mJ]	31	

Zur experimentellen Untersuchung wurde ein Experiment in der Petawatt-Targetkammer durchgeführt. Es wurden bei geblocktem Frontend Schüsse mit Vor- und Hauptverstärker durchgeführt und Energie, Fokusgröße, sowie die Schädigung von Targetfolien verschiedener Dicke (500 μm - 10 nm Kohlenstoff) gemessen. Eine Energiemessung für Schüsse mit nur Vor- oder Hauptverstärker zeigte keine Schädigung an der Targetfolie. Bei gleichzeitiger Nutzung, und der damit verbundenen Verstärkung des Vorverstärker-ASE im Hauptverstärker treten Schädigungen für Folien dünner als 50 nm auf. In diesem Fall wurde am Ort des Targets eine Energie von 2,49 mJ gemessen. Die zeitaufgelöste Intensitätsverteilung, Abb B.1, zeigt einen Intensitätsanstieg nach dem Öffnen der Pockelzelle zwischen den beiden 19 mm-Köpfen, welche aktiv öffnet, aber erst nach der Entladezeit des Netzteiles passiv schließt. Der Peak beim Zünden der Blitzlampen entsteht durch den elektromagnetischen Puls, welcher in das Oszilloskop einkoppelt.

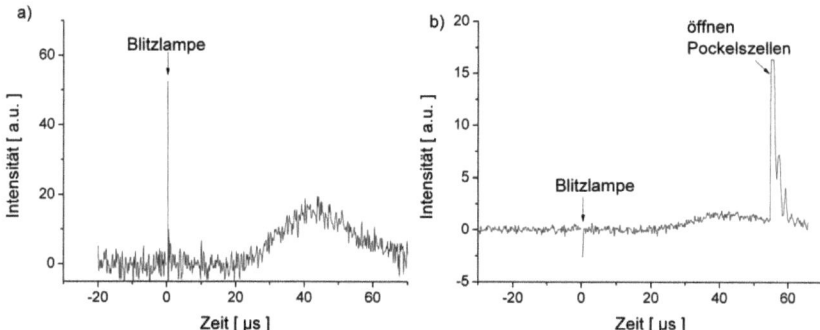

Abbildung B.1.: *Zeitlicher Verlauf des gemessenen ASE Pulses. a) Bei alleiniger Benutzung des Vorverstärkers ohne optische Trennung ist lange Lebensdauer und damit Emissionszeit des Verstärkermediums zu erkenne. b) Mit optischer Trennung durch die eingebaute Pockelszelle sieht man zwar eine Verminderung der ASE, jedoch kann aufgrund der langen Öffnungsdauer der Pockelszelle viel Energie durch das System propagieren. Zu erkennen ist in beiden Graphen, das Zünden der Blitzlampe, welches mit einem elektromagnetischen Puls einhergeht.*

Aus dem Ergebnis dieser Messzeit lässt sich ableiten, dass mit Hilfe einer besseren optischen Trennung zwischen Vor- und Hauptverstärker das Problem der ASE unterdrückt werden kann [264]. Dazu wurde die Implementierung einer zusätzlichen schnellen Pockelszelle[1] mit großer Apertur hinter dem letzten Vorverstärker durchgeführt. Dieser ersetzt zwei Faraday-Rotatoren und übernimmt neben der Aufgabe als schneller optischer Schalter die Funktion der Rückreflexunterdrückung (Abb. B.2).
Durch die höhere Zerstörschwelle der Pockelszelle kann die Maximalenergie des Vorverstärkers von 3 J auf bis zu 10 J erhöht werden, wobei Schaltzeiten von ungefähr 5 ns bei einer Unterdrückung von 3000:1 die ASE weit genug abschwächen sollte, um eine Vorschädigung von Targetfolien zu vermeiden.
Ferner wurde die Pockelszelle zwischen den beiden 19 mm-Köpfen so modifiziert, dass sowohl das Öffnen als auch das Schließen aktiv geschaltet wird. Somit sind Schaltfenster von bis zu 20 ns möglich.
Erneute Messungen mit dem umgebauten System zeigen deutliche Verbesserungen [266]. Die in der Targetkammer gemessene Energie entspricht mit 0,15 mJ einer Unterdrückung um einen Faktor 17. Tests mit Kohlenstoff-Folien bis zu einer Dicke von 10 nm zeigen, dass keine Vorschädigung mehr auftritt.
Eine Messung mittels schneller Photodiode zeigt, dass außerhalb des Schaltfenster (vgl.

---
[1]Gooche & Housego: TX5065 [265]

ANHANG B. UNTERDRÜCKUNG DER SPONTANEN LASEREMISSION AM LASERSYSTEM PHELIX

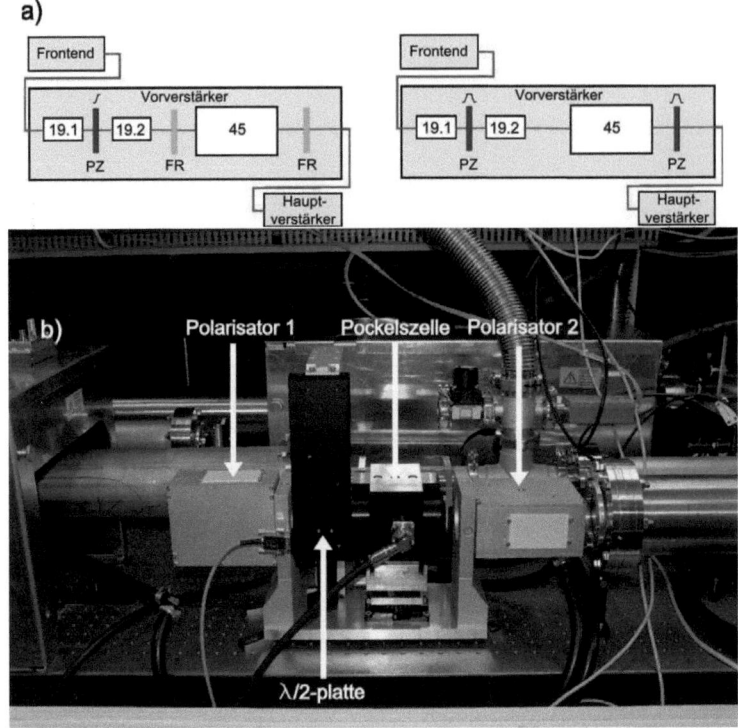

Abbildung B.2.: *a) Aufbau des Vorverstärkers (links) vor- und (rechts) nach dem Umbau, b) Neue Pockelszelle mit gekreuzten Polarisatoren und fahrbarer $\lambda/2$-Platte bei Verwendung von Dauerstrich-Justagelasern.*

Abb. B.3) die ASE um einen Faktor 30-40 unterdrückt wird.
Nach dem Einbau des neuen Frondends und dem dann erreichbaren Kontrast sollte es möglich sein, Experimente mit dünnen Folien an PHELIX zu machen, was einen völlig neuen Parameterraum, z.B. für das in dieser Arbeit diskutierte Beschleunigungsregim erreichbar macht. Simulationen bei Pulslängen von mehreren 100 fs [267] lassen darauf schließen, dass bei geeigneter Energie auch dort eine Beschleunigung im RPA-Regime erwartet werden kann.

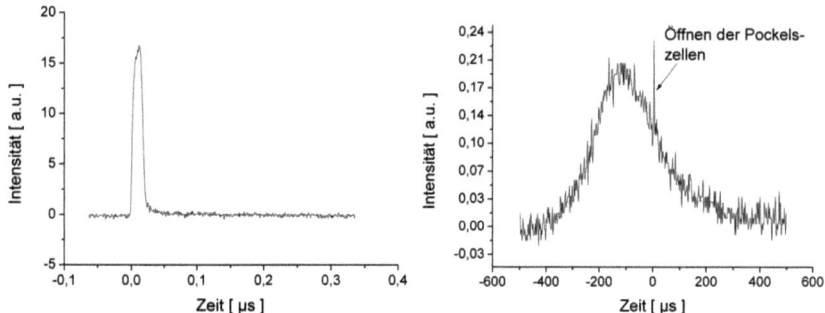

Abbildung B.3.: *Zeitlicher Verlauf des gemessenen ASE Pulses nach dem Umbau.* ***a)*** *Puls hinter dem Vorverstärker mit einer Pulsdauer von ungefähr 20 ns.* ***b)*** *Das übersteuerte Signals zeigt den verbleibenden ASE-Untergrund im Vergleich zu B.1b).*

Literaturverzeichnis

[1] LAYNARD, A.H.: *Discoveries in the ruins of Nineveh and Babylon: with travels in Armenia.* Putnam and Co, 1853

[2] BUCK, S.: *Der geschärfte Blick, Zur Geschichte der Brille und ihrer Verwendung in Deutschland seit 1850*, Philipps-Universität Marburg, Diss., 2002

[3] BORN, M. ; WOLF, E.: *Principles of Optics.* 7 (Expanded). Cambridge University Press, 2010. – ISBN 0521642221

[4] COPERNICUS, N.: *Commentariolus.* 1. Abschrift, ca. 1509

[5] COPERNICUS, N.: *De Revolutionibus Orbium Coelestium (Über die Umschwünge der himmlischen Kreise).* Sebastian Henricpetri, 1543. – ISBN 3527403485

[6] CASPAR, M. ; DYCK, W. von: *Johannes Kepler: Gesammelte Werke.* 1938

[7] GALILEI, G.: *Dialogo sopra i due massimi sistemi (Dialog über die beiden hauptsächlichen Weltsysteme).* Galilei, 1632

[8] BERGMANN, L. ; SCHÄFER, C.: *Lehrbuch der Experimentalphysik Bd. 3: Optik.* 9. de Gruyter, 1993. – ISBN 3110129736

[9] GÄRTNER, H.: *Er durchbrach die Schranken des Himmels. Das Leben des Friedrich Wilhelm Herschel.* Edition Leipzig, 1996. – ISBN 3361004616

[10] HOCKBERGER, P.E.: A History of Ultraviolet Photobiology for Humans, Animals and Microorganisms. In: *Photochemistry and Photobiology* 76 (2002), S. 561–579. http://dx.doi.org/10.1562/0031-8655(2002). – DOI 10.1562/0031–8655(2002)

[11] CROOKES, W.: On the illumination of lines of molecular pressure, and the trajectory of molecules. In: *Phil Trans.* 170 (1879), Dezember, 135–164. http://www.jstor.org/stable/109281

[12] THOMSON, J.J.: Cathode Rays. In: *The Electrician* 39 (1897), S. 104

[13] BEQUEREL, H.: Sur les radiations émises par phosphorescence (On the rays emitted by phosphorescence). In: *Comptes Rendus* 122 (1896), Februar, S. 420–421

[14] RUTHERFORD, E.: The Scattering of α and β Particles by Matter and the Structure of the Atom. In: *Phil. Mag.* 21 (1911), Mai, S. 669–688

[15] THOMSON, G.P. ; COCHRANE, W.: *Theory and Practice of ElectronDiffraction.* MacMillan and Company, 1939

Literaturverzeichnis

[16] BROGLIE, L. de: *Recherches sur la théorie des quanta (Researches on the quantum theory)*, Universität Paris, Diss., 1924

[17] LATTES, C.M.G. ; MUIRHEAD, H. ; OCCHIALINI, G.P.S. ; POWELL, C.F.: Processes involving charged mesons. In: *Natur* 159 (1947), Mai, 694–697. http://dx.doi.org/10.1038/159694a0. – DOI 10.1038/159694a0

[18] HINTERBERGER, F.: *Physik der Teilchenbeschleuniger und Ionenoptik.* 2nd. Springer, 2008. – ISBN 9783540752813

[19] WIDERÖE, R.: *Über ein neues Prinzip zur Herstellung hoher Spannungen*, TH Aachen, Diss., 1928

[20] MAIMAN, T.H.: Stimulated Optical Radiation in Ruby. In: *Natur* 6 (1960), August, 493–494. http://dx.doi.org/10.1038/187493a0. – DOI 10.1038/187493a0

[21] TAJIMA, T. ; DAWSON, J.M.: Laser Electron Accelerator. In: *Phys. Rev. Lett.* 43 (1979), Juli, S. 267–270. http://dx.doi.org/10.1103/PhysRevLett.43.267. – DOI 10.1103/PhysRevLett.43.267

[22] WILKS, S.C. ; LANGDON, A.B. ; COWAN, T.E. ; ROTH, M. ; SINGH, M. ; HATCHETT, S. ; KEY, M.H. ; PENNINGTON, D. ; MACKINNON, A. ; SNAVELY, R.A.: Energetic proton generation in ultra-intense laser–solid interactions. In: *Phys. Plasmas* 8 (2001), 542–549. http://dx.doi.org/10.1063/1.1333697. – DOI 10.1063/1.1333697

[23] SCHWOERER, H. ; PFOTENHAUER, S. ; JÄCKEL, O. ; AMTHOR, K.U. ; LIESFELD, B. ; ZIEGLER, W. ; SAUERBREY, R. ; LEDINGHAM, K.W.D. ; ESIRKEPOV, T.: Laser-plasma acceleration of quasi-monoenergetic protons from microstructured target. In: *Natur* 439 (2006), Januar, 445–448. http://dx.doi.org/10.1038/nature04492. – DOI 10.1038/nature04492

[24] RAMAKRISHNA, B. ; MURAKAMI, M. ; BORGHESI, M. ; EHRENTRAUT, L. ; NICKLES, P.V. ; SCHNÜRER, M. ; STEINKE, S. ; PSIKAL, J. ; TIKHONCHUK, V. ; TER-AVETISYAN, S.: Laser-driven quasimonoenergetic proton burst from water spray target. In: *Phys. Plasmas* 17 (2010), August. http://dx.doi.org/10.1063/1.3479832. – DOI 10.1063/1.3479832

[25] TER-AVETISYAN, S. ; SCHNÜRER, M. ; NICKLES, P. V. ; KALASHNIKOV, M. ; RISSE, E. ; SOKOLLIK, T. ; SANDNER, W. ; ANDREEV, A. ; TIKHONCHUK, V.: Quasimonoenergetic Deuteron Bursts Produced by Ultraintense Laser Pulses. In: *Phys. Rev. Lett.* 96 (2006), April, 145006. http://dx.doi.org/10.1103/PhysRevLett.96.145006. – DOI 10.1103/PhysRevLett.96.145006

[26] PFOTENHAUER, S.M. ; JÄCKEL, O. ; POLZ, J. ; STEINKE, S. ; SCHLENVOIGT, H.P. ; HEYMANN, J. ; ROBINSON, A.P'.L. ; KALUZA, M.C.: A cascaded laser acceleration scheme for the generation of spectrally controlled proton beams. In: *New J. Phys.* 12 (2010), Oktober, Nr. 10, 103009. http://dx.doi.org/10.1088/1367-2630/12/10/103009. – DOI 10.1088/1367-2630/12/10/103009

[27] ESIRKEPOV, T. ; YAMAGIWA, M. ; TAJIMA, T.: Laser Ion-Acceleration Scaling Laws Seen in Multiparametric Particle-in-Cell Simulations. In: *Phys. Rev. Lett.* 96 (2006), März, 105001. http://dx.doi.org/10.1103/PhysRevLett.96.105001. – DOI 10.1103/PhysRevLett.96.105001

[28] TONCIAN, T. ; BORGHESI, M. ; FUCHS, J. ; D'HUMIÈRES, E. ; ANTICI, P. ; AUDEBERT, P. ; BRAMBRINK, E. ; CECCHETTI, C.A. ; PIPAHL, A. ; ROMAGNANI, L. ; WILLI, O.: Ultrafast Laser-Driven Microlens to Focus and Energy-Select Mega-Electron Volt Protonsm. In: *Science* 312 (2006), April, 410–413. http://dx.doi.org/10.1126/science.1124412. – DOI 10.1126/science.1124412

[29] HENIG, A. ; STEINKE, S. ; SCHNÜRER, M. ; SOKOLLIK, T. ; HÖRLEIN, R. ; KIEFER, D. ; JUNG, D. ; SCHREIBER, J. ; HEGELICH, B.M. ; YAN, X.Q. ; MEYER-TER-VEHN, J. ; TAJIMA, T. ; NICKLES, P.V. ; SANDNER, W. ; HABS, D.: Radiation-Pressure Acceleration of Ion Beams Driven by Circularly Polarized Laser Pulses. In: *Phys. Rev. Lett.* 103 (2009), Dezember, 245003. http://dx.doi.org/10.1103/PhysRevLett.103.245003. – DOI 10.1103/PhysRevLett.103.245003

[30] JUNG, D. ; YIN, L. ; ALBRIGHT, B.J. ; GAUTIER, D.C. ; HÖRLEIN, R. ; KIEFER, D. ; HENIG, A. ; JOHNSON, R. ; LETZRING, S. ; PALANIYAPPAN, S. ; SHAH, R. ; SHIMADA, T. ; YAN, X.Q. ; BOWERS, K.J. ; TAJIMA, T. ; FERNÁNDEZ, J. C. ; HABS, D. ; HEGELICH, B.M.: Monoenergetic Ion Beam Generation by Driving Ion Solitary Waves with Circularly Polarized Laser Light. In: *Phys. Rev. Lett.* 107 (2011), September, 115002. http://dx.doi.org/10.1103/PhysRevLett.107.115002. – DOI 10.1103/PhysRevLett.107.115002

[31] YOUNG, T.: *Course of Lectures on Natural Philosophy and the Mechanical Arts:*. Taylor and Walton, 1845. – ISBN 3534096509. – Lecture 39: On the Nature of Light and Colours

[32] EINSTEIN, A.: Über einen die Erzeugung und Verwandlung des Lichtes betreffenden heuristischen Gesichtspunkt. In: *Annalen der Physik* 322 (1905), Nr. 6, S. 132–148

[33] PLANCK, M.: Über das Gestz der Energieverteilung im Normalspectrum. In: *Annalen der Physik* 309 (1901), Nr. 3, S. 553–563

[34] SAKURAI, J.J.: *Currents and Mesons*. 1. University Of Chicago Press, 1969. – ISBN 0226733831

[35] SCHILDKNECHT, D.: Vector Meson Dominance. In: *Acta Physica Polonica B* 37 (2006), Nr. 3, S. 595–607

[36] MUELLER, B. (Hrsg.) ; GREINER, W. (Hrsg.): *Gauge Theory of Weak Interactions*. 3. Springer, 2000. – ISBN 3540676724

[37] CHADWICK, J. ; GOLDHABER, M.: A „Nuclear Photo-effect": Disintegration of the Diplon by γ-Rays. In: *Nature* 134 (1934), 237–238. http://dx.doi.org/10.1038/134237a0. – DOI 10.1038/134237a0

[38] COMPTON, A.H.: Secondary radiations produced by X-Rays. In: *Bulletin of the National Research Council* 4 (1922), Mai, Nr. 20, S. 321–377

[39] BLACKETT, P.M.S. ; OCCIALINI: Some Photographs of the Tracks of Penetrating Radiation. In: *Proc. Roy. Soc* 139 (1933), S. 699–726

[40] ANDERSON, C.D.: The Positive Electron. In: *Phys. Rev.* 43 (1933), März, 491–498. http://dx.doi.org/10.1103/PhysRev.43.491. – DOI 10.1103/PhysRev.43.491

[41] HERTZ, H.: Ueber einen Einfluss des ultravioletten Lichtes auf die electrische Entladung. In: *Annalen der Physik* 267 (1887), Mai, S. 983–1000. http://dx.doi.org/10.1002/andp.18872670827. – DOI 10.1002/andp.18872670827

[42] HALLWACHS, W.: Ueber den Einfluss des Lichtes auf electrostatisch geladene Körper. In: *Annalen der Physik* 269 (1888), Mai, S. 301–312. http://dx.doi.org/10.1002/andp.18882690206. – DOI 10.1002/andp.18882690206

[43] MOORE, C.E.: Selected table of atomic spectra. In: *Carbon* Bd. 3. http://www.nist.gov/data/nsrds/NSRDS-NBS3-3.pdf; Stand: 04.09.2011 : National Bureau of Standards, November 1970

[44] GOEPPERT-MAYER, M.: Über Elementarakte mit zwei Quantensprüngen. In: *Annalen der Physik* 401 (1931), Nr. 3, S. 273–294. http://dx.doi.org/10.1002/andp.19314010303. – DOI 10.1002/andp.19314010303

[45] HEISENBERG, W.: Über den anschaulichen Inhalt der quantentheoretischen Kinematik und Mechanik. In: *Zeitschrift für Physik A Hadrons and Nuclei* 43 (1927), S. 172–198. http://dx.doi.org/10.1007/BF01397280. – DOI 10.1007/BF01397280

[46] HAKEN, H. ; WOLF, H.C.: *Atom- und Quantenphysik*. 8th. Springer, 2004. – ISBN 9783540026211

[47] KAISER, W. ; GARRETT, C.G.B.: Two-Photon Excitation in CaF_2: Eu^{2+}. In: *Phys. Rev. Lett.* 7 (1961), September, 229–231. http://dx.doi.org/10.1103/PhysRevLett.7.229. – DOI 10.1103/PhysRevLett.7.229

[48] KELDYSH, L.V.: Ionization in the field of a strong electromagnetic wave. In: *Soviet Physics JETP* 20 (1965), Mai, Nr. 5, S. 1307–1314

[49] KARNAKOV, B.M. ; MUR, V.D. ; POPRUZHENKO, S.V. ; POPOV, V.S.: Strong field ionization by ultrashort laser pulses: Application of the Keldysh theory. In: *Phys. Lett. A* 374 (2009), Dezember, Nr. 2, 386–390. http://dx.doi.org/10.1016/j.physleta.2009.10.058. – DOI 10.1016/j.physleta.2009.10.058

[50] RITCHIE, B. ; BOWDEN, C.M. ; SUNG, C.C. ; LI, Y.Q.: Strong-field ionization in classical and quantum dynamics. In: *Phys. Rev. A* 41 (1990), Juni, 6114–6118. http://dx.doi.org/10.1103/PhysRevA.41.6114. – DOI 10.1103/PhysRevA.41.6114

[51] PERT, G.J.: The Scaling of Recombination Following Tunnel Ioniozation and its suitability of Generating X-ray Laser Gain. In: *X-Ray Lasers 2008*, Springer Proceedings in Physics, 2008. – ISBN 09308989, S. 201–210

Literaturverzeichnis

[52] BUKOWSKI, J.D. ; GRAVES, D.B. ; VITELLO, P.: Two-dimensional fluid model of an inductively coupled plasma with comparison to experimental spatial profiles. In: *J. Appl. Phys.* 80 (1996), September, S. 2614–2623. http://dx.doi.org/10.1063/1.363169. – DOI 10.1063/1.363169

[53] KRUER, W.L.: *The Physics Of Laser Plasma Interactions.* Westview Press, 2003. – ISBN 0813340837

[54] JACKSON, J.D: *Klassische Elektrodynamik.* 4th. de Gruyter, 2006. – ISBN 3110189704

[55] MAXWELL, J.C.: A Dynamical Theory of the Electromagnetic Field, Royal Society Transactions. In: *Philosophical Transactions of the Royal Society of London* 155 (1865), S. 459–512. ISBN 1579100155

[56] POYNTING, J.H.: On the Transfer of Energy in the Electromagnetic Field. In: *Philosophical Transactions of the Royal Society of London* 175 (1884), S. 343–361

[57] GIBBON, P.: *Short Pulse Laser Interactions with Matter: An Introduction.* Imperial College Press, 2005. – ISBN 1860941354

[58] LEFEBVRE, E. ; BONNAUD, G.: Transparency/Opacity of a Solid Target Illuminated by an Ultrahigh-Intensity Laser Pulse. In: *Phys. Rev. Lett.* 74 (1995), März, 2002–2005. http://dx.doi.org/10.1103/PhysRevLett.74.2002. – DOI 10.1103/PhysRevLett.74.2002

[59] BAUER, D. ; MULSER, P. ; STEEB, W.H.: Relativistic ponderomotive force, uphill acceleration and transitons to chaos. In: *Phys. Rev. Lett.* 75 (1995), S. 4622–4625. http://dx.doi.org/10.1103/PhysRevLett.75.4622. – DOI 10.1103/PhysRevLett.75.4622

[60] STARTSEV, E.A. ; MCKINSTERIE, C.J.: Multiple scale derivation of the relativistic ponderomotive force. In: *Phys. Rev. E* 55 (1997), S. 7527–7535. http://dx.doi.org/10.1103/PhysRevE.55.7527. – DOI 10.1103/PhysRevE.55.7527

[61] VLASOV, A.A.: The Vibrational Properties of an Electron Gas. In: *Soviet Phys Usp* 10 (1968), Nr. 6, S. 721. http://dx.doi.org/10.1070/PU1968v010n06ABEH003709. – DOI 10.1070/PU1968v010n06ABEH003709

[62] VLASOV, A.A.: *Many-particle theory and its application to plasma.* Gordon & Breach Science Publishers Ltd, 1961

[63] KOLMOGOROV, A.: Über die analytischen Methoden in der Wahrscheinlichkeitsrechnung. In: *Math. Ann.* 104 (1931), S. 415–458. http://dx.doi.org/10.1007/BF01457949. – DOI 10.1007/BF01457949

[64] HARLOW, F.H.: A Machine Calculation Method for Hydrodynamic Problems / LANL. 1955 (LAMS-1956). – Forschungsbericht

[65] PRITCHETT, P.: Particle-in-Cell Simulation of Plasmas— A Tutorial. In: *Space Plasma Simulation* Bd. 615. Springer, 2003. – ISBN 9783540006985, S. 1–24

[66] METROPOLIS, N. ; ULAM, S.: The Monte Carlo Method. In: *J. Am. Stat. Assoc.* 44 (1949), Nr. 247, S. 335–341

[67] GANN, R.C. ; CHAKRAVARTY, S. ; CHESTER, G.V.: Monte Carlo simulation of the classical two-dimensional one-component plasma. In: *Phys. Rev. B* 20 (1979), Juli, 326–344. http://dx.doi.org/10.1103/PhysRevB.20.326. – DOI 10.1103/PhysRevB.20.326

[68] FRANKLIN, S.R. ; THAREJA, R.K.: Monte-Carlo simulation of laser ablated plasma for thin film deposition. In: *Appl. Surf. Sci.* 177 (2001), Nr. 1-2, 15–21. http://dx.doi.org/10.1016/S0169-4332(01)00176-3. – DOI 10.1016/S0169-4332(01)00176-3

[69] SMITH, P.H.: Transmission Line Calculator. In: *Electronics* 12 (1939), Januar, S. 29–31

[70] WUPPER, H.: *Grundlagen elektronischer Schaltungen.* Bd. 2. Hüthig, 1986. – ISBN 3540606246

[71] REFRACTIVEINDEX.INFO (Hrsg.): *Brechungsindex Kohlenstoff/Diamant.* http://www.refractiveindex.info; Stand: 28.03.2012: RefractiveIndex.info

[72] PLASMA PARYLEN SYSTEMS GMBH (Hrsg.): *Datenblatt: Parylene.* http://www.plasmaparylene.de/medien/medienpool/Eigenschaften-Parylene-2011.pdf; Stand: 28.03.2012: Plasma Parylen Systems GmbH

[73] GINZBURG, V.L.: *Propagation of Electromagnetic Waves in Plasma.* Eng. Gordon & Breach Science Publishers Ltd, 1961. – ISBN 0677200803

[74] SCHWABE, M. ; JIANG, K. ; ZHDANOV, S. ; HAGL, T. ; HUBER, P. ; IVEL, A.V. ; LIPAEV, A.M. ; MOLOTKOV, V.I. ; NAUMKIN, V.N. ; SÜTTERLIN, K.R. ; THOMAS, H.M. ; FORTOV, V.E. ; MORFILL, G.E. ; SKVORTSOV, A. ; VOLKOV, S.: Direct measurement of the speed of sound in a complex plasma under microgravity conditions. In: *EPL* 96 (2011), Dezember, S. 55001. http://dx.doi.org/10.1209/0295-5075/96/55001. – DOI 10.1209/0295-5075/96/55001

[75] BRUNEL, F.: Not-so-resonant, resonant absorption. In: *Phys. Rev. Lett.* 59 (1987), Juli, 52–55. http://dx.doi.org/10.1103/PhysRevLett.59.52. – DOI 10.1103/PhysRevLett.59.52

[76] GIBBON, Paul ; BELL, A. R.: Collisionless absorption in sharp-edged plasmas. In: *Phys. Rev. Lett.* 68 (1992), März, 1535–1538. http://dx.doi.org/10.1103/PhysRevLett.68.1535. – DOI 10.1103/PhysRevLett.68.1535

[77] KRUER, W.L. ; ESTABROOK, K.: JxB heating by very intense laser-light. In: *Phy. Fluid.* 23 (1985), S. 430–432. http://dx.doi.org/10.1063/1.865171. – DOI 10.1063/1.865171

[78] WILKS, S.C. ; KRUER, W.L. ; TABAK, M. ; LANGDON, A.B.: Absorption of ultra-intense laser pulses. In: *Phys. Rev. Lett.* 69 (1992), August, 1383–1386. http://dx.doi.org/10.1103/PhysRevLett.69.1383. – DOI 10.1103/PhysRevLett.69.1383

Literaturverzeichnis

[79] WHARTON, K.B. ; HATCHETT, S.P. ; WILKS, S.C. ; KEY, M.H. ; MOODY, J.D. ; YANOVSKY, V. ; OFFENBERGER, A.A. ; HAMMEL, B.A. ; PERRY, M.D. ; JOSHI, C.: Experimental Measurements of Hot Electrons Generated by Ultraintense (> $10^{19}\,\text{W/cm}^2$) Laser-Plasma Interactions on Solid-Density Targets. In: *Phys. Rev. Lett.* 81 (1998), Juli, 822–825. http://dx.doi.org/10.1103/PhysRevLett.81.822. – DOI 10.1103/PhysRevLett.81.822

[80] SCHWOERER, H. ; GIBBON, P. ; DÜSTERER, S. ; BEHRENS, R. ; ZIENER, C. ; REICH, C. ; SAUERBREY, R.: MeV X Rays and Photoneutrons from Femtosecond Laser-Produced Plasmas. In: *Phys. Rev. Lett.* 86 (2001), März, 2317–2320. http://dx.doi.org/10.1103/PhysRevLett.86.2317. – DOI 10.1103/PhysRevLett.86.2317

[81] DAVIES, J.R.: The Alfvén Limit revisited and its relevance to laser-plasma interactions. In: *Laser and Particle Beams* 24 (2006), S. 299–310. http://dx.doi.org/10.1017/S0263034606060460. – DOI 10.1017/S0263034606060460

[82] MALKA, G. ; NICOLAÏ, Ph. ; BRAMBRINK, E. ; SANTOS, J.J. ; ALÉONARD, M.M. ; AMTHOR, K. ; AUDEBERT, P. ; BREIL, J. ; CLAVERIE, G. ; GERBAUX, M. ; GOBET, F. ; HANNACHI, F. ; MÉOT, V. ; MOREL, P. ; SCHEURER, J.N. ; TARISIEN, M. ; TIKHONCHUK, V.: Fast electron transport and induced heating in solid targets from rear-side interferometry imaging. In: *Phys. Rev. E* 77 (2008), Februar, 026408. http://dx.doi.org/10.1103/PhysRevE.77.026408. – DOI 10.1103/PhysRevE.77.026408

[83] MCKENNA, P. ; ROBINSON, A.P.L. ; NEELY, D. ; DESJARLAIS, M. P. ; CARROLL, D. C. ; QUINN, M. N. ; YUAN, X. H. ; BRENNER, C. M. ; BURZA, M. ; COURY, M. ; GALLEGOS, P. ; GRAY, R.J. ; LANCASTER, K.L. ; LI, Y.T. ; LIN, X.X. ; TRESCA, O. , WAHLSTRÖM, C.-G.: Effect of Lattice Structure on Energetic Electron Transport in Solids Irradiated by Ultraintense Laser Pulses. In: *Phys. Rev. Lett.* 106 (2011), Mai, 185004. http://dx.doi.org/10.1103/PhysRevLett.106.185004. – DOI 10.1103/PhysRevLett.106.185004

[84] HONRUBIA, J.J. ; KALUZA, M. ; SCHREIBER, J. ; TSAKIRIS, G.D. ; MEYER-TER-VEHN, J.: Laser-driven fast-electron transport in preheated foil targets. In: *Physics of Plasmas* 23 (2005), S. 052708. http://dx.doi.org/10.1063/1.1894397. – DOI 10.1063/1.1894397

[85] SILVA, L.O. ; MARTI, M. ; DAVIES, J.R. ; FONSECA, R.A. ; REN, C. ; TSUNG, F.S. ; MORI, W.B.: Proton Shock Acceleration in Laser-Plasma Interactions. In: *Phys. Rev. Lett.* 92 (2004), Januar, 015002. http://dx.doi.org/10.1103/PhysRevLett.92.015002. – DOI 10.1103/PhysRevLett.92.015002

[86] DIECKMANN, M.E. ; SARRI, G. ; ROMAGNANI, L. ; KOURAKIS, I. ; BORGHESI, M.: Simulation of a collisionless planar electrostatic shock in a proton-electron plasma with a strong initial thermal pressure change. In: *Plasma Phys. Control. Fusion* 52 (2010), Januar, S. 025001. http://dx.doi.org/10.1088/0741-3335/52/2/025001. – DOI 10.1088/0741-3335/52/2/025001

[87] COCKCROFT, J.D. ; WALTON, E.T.S.: Experiments with High Velocity Positive Ions. (I) Further Developments in the Method of Obtaining High Velocity Positive Ions. In: *Proc. Roy. Soc* Bd. 136, 1932, S. 619–630

[88] COCKCROFT, J.D. ; WALTON, E.T.S.: Experiments with High Velocity Positive Ions. (II) The Disintegration of Elements by High Velocity Protons. In: *Proc. Roy. Soc* Bd. 137, 1932, S. 229–242

[89] GREINACHER, H.: Über eine Methode Wechselstrom mittels elektrischer Ventile und Kondensatoren in hochgespannten Gleichstrom umzuwandeln. In: *Z. Physik* 4 (1921), S. 195. http://dx.doi.org/10.1007/BF01328615. – DOI 10.1007/BF01328615

[90] WALOSCHEK, P.: *Als die Teilchen laufen lernten- Leben und Werk des Großvaters der modernen Teilchenbeschleuniger - Rolf Wideröe*. 2. Vieweg, 2002. – ISBN 3528065672

[91] PROCH, D.: Superconducting Cavities for accelerators. In: *Rep. Prog. Phys.* 61 (1997), S. 431–482. http://dx.doi.org/10.1088/0034-4885/61/5/001. – DOI 10.1088/0034-4885/61/5/001

[92] KAMERLINGH ONNES, H.: Further experiments with liquid helium. C. On the change of electric resistance of pure metals at very low temperatures, etc. IV. The resistance of pure mercury at helium temperatures. In: *Comm. Phys. Lab. Univ. Leiden.* 120 (1911)

[93] BUCKEL, W. ; KLEINER, R.: *Supraleitung: Grundlagen und Anwendungen.* 6. Wiley-VCH, 2004. – ISBN 3527403485

[94] ALTARELLI, M. ; BRINKMANN, R. ; CHERGUI, M. ; DECKING, W. ; DOBSON, B. ; DÜSTERER, S. ; GRÜBEL, G. ; GRAEFF, W. ; GRAAFSMA, H. ; HAJDU, J. ; MARANGOS, J. ; PFLÜGER, J. ; REDLIN, H. ; RILEY, D. ; ROBINSON, I. ; ROSSBACH, J. ; SCHWARZ, A. ; TIEDTKE, K. ; TSCHENTSCHER, T. ; VARTANIANTS, I. ; WABNITZ, H. ; WEISE, H. ; WICHMANN, R. ; WITTE, K. ; WOLF, A. ; WULFF, M. ; YURKOV, M.: The European X-Ray Free-Electron Laser / DESY XFEL Project Group. 2007. – Forschungsbericht

[95] GEDDES, C.G.R. ; TOTH, Cs. ; TILBORG, J. van ; ESAREY, E. ; SCHROEDER, C.B. ; BRUHWILER, D. ; NIETER, C. ; CARY, J. ; LEEMANS, W.P.: High-quality electron beams from a laser wakefield accelerator using plasma-channel guiding. In: *Nature* 431 (2004), September, S. 538–541. http://dx.doi.org/10.1038/nature02900. – DOI 10.1038/nature02900

[96] LU, H. ; LIU, M. ; WANG, W. ; WANG, C. ; LIU, J. ; DENG, A. ; XU, J. ; XIA, C. ; LI, W. ; ZHANG, H. ; LU, X. ; WANG, J. ; LIANG, X. ; LENG, Y. ; SHEN, B. ; NAKAJIMA, K. ; LI, R. ; Z., Xu: Laser wakefield acceleration of electron beams beyond 1 GeV from an ablative capillary discharge waveguide. In: *Appl. Phys. Lett.* 99 (2011), August. http://dx.doi.org/10.1063/1.3626042. – DOI 10.1063/1.3626042

Literaturverzeichnis

[97] LEEMANS, W.P. ; NAGLER, B. ; GONSALVES, A.J. ; TÓTH, Cs. ; NAKAMURA, K. ; GEDDES, C.G.R. ; ESAREY, E. ; SCHROEDER, C.B. ; S.M., Hooker.: GeV electron beams from a centimetre-scale accelerator. In: *Nature Physics* 2 (2006), S. 696–699. http://dx.doi.org/10.1038/nphys418. – DOI 10.1038/nphys418

[98] BUCK, A. ; NICOLAI, M. ; SCHMID, K. ; SEARS, C.M.S. ; SÄVERT, A. ; MIKHAILOVA, J.M. ; KRAUSZ, F. ; KALUZA, M.C. ; VEISZ, L.: Real-time observation of laser-driven electron acceleration. In: *Nature Physics* 7 (2011), März, S. 543–548. http://dx.doi.org/doi:10.1038/nphys1942. – DOI doi:10.1038/nphys1942

[99] SPIE (Veranst.): *Laser Acceleration of Electrons, Protons and Ions; and medical Applications of Laser-Generated Secondary Sources of Radiation and Particles*. Bd. *8079*. 2011 (Proceedings of SPIE)

[100] MALKA, V. ; FRITZLER, S. ; LEFEBVRE, E. ; ALEONARD, M.M. ; BURGY, F. ; CHAMBARET, J.P. ; CHEMIN, J.F. ; KRUSHELNICK, K. ; MALKA, G. ; MANGLES, S.P.D. ; NAJMUDIN, Z. ; PITTMAN, M. ; ROUSSEAU, J.P. ; SCHEURER, J.N. ; WALTON, B. ; DANGOR, A.E.: Electron Acceleration by a Wake Field Forced by an Intense Ultrashort Laser Pulse. In: *Science* 298 (2002), November, Nr. 5598, S. 1596–1600. http://dx.doi.org/10.1126/science.1076782. – DOI 10.1126/science.1076782

[101] CORDERO, B. ; GOMEZ, V. ; PLATERO-PRATS, A.E. ; REVES, M. ; ECHEVERRIA, J. ; CREMADES, E. ; BARRAGAN, F. ; ALVAREZ, S.: Covalent radii revisited. In: *Dalton Trans.* (2008), 2832–2838. http://dx.doi.org/10.1039/B801115J. – DOI 10.1039/B801115J

[102] MORA, P.: Plasma Expansion into a Vacuum. In: *Phys. Rev. Lett.* 90 (2003), Mai, 185002. http://dx.doi.org/10.1103/PhysRevLett.90.185002. – DOI 10.1103/PhysRevLett.90.185002

[103] SCHREIBER, J. ; BELL, F. ; GRÜNER, F. ; SCHRAMM, U. ; GEISSLER, M. ; SCHNÜRER, M. ; TER-AVETISYAN, S. ; HEGELICH, B. M. ; COBBLE, J. ; BRAMBRINK, E. ; FUCHS, J. ; AUDEBERT, P. ; HABS, D.: Analytical Model for Ion Acceleration by High-Intensity Laser Pulses. In: *Phys. Rev. Lett.* 97 (2006), Juli, S. 045005. http://dx.doi.org/10.1103/PhysRevLett.97.045005. – DOI 10.1103/PhysRevLett.97.045005

[104] PASSONI, M. ; LONTANO, M.: Theory of Light-Ion Acceleration Driven by a Strong Charge Separation. In: *Phys. Rev. Lett.* 101 (2008), September, 115001. http://dx.doi.org/10.1103/PhysRevLett.101.115001. – DOI 10.1103/PhysRevLett.101.115001

[105] KUMAR, N. ; PUKHOV, A.: Self-similar quasineutral expansion of a collisionless plasma with tailored electron temperature profile. In: *Phys. Plas.* 15 (2008), May, S. 053103. http://dx.doi.org/10.1063/1.2913611. – DOI 10.1063/1.2913611

[106] FUCHS, J. ; ANTICI, P. ; D'HUMIÈRES, E. ; LEFEBVRE, E. ; BORGHESI, M. ; BRAMBRINK, E. ; CECCHETTI, C.A. ; KALUZA, M. ; MALKA, V. ; MANCLOSSI, M. ; MEYRONEINC, S. ; MORA, P. ; SCHREIBER, J. ; TONCIAN, T. ; PÉPINM, H. ; AUDEBERT,

P.: Laser-driven proton scaling laws and new paths towards energy increase. In: *Nature Physics* 2 (2006), S. 48–54. http://dx.doi.org/10.1038/nphys199. – DOI 10.1038/nphys199

[107] FUCHS, J. ; CECCHETTI, C. A. ; BORGHESI, M. ; GRISMAYER, T. ; D'HUMIÈRES, E. ; ANTICI, P. ; ATZENI, S. ; MORA, P. ; PIPAHL, A. ; ROMAGNANI, L. ; SCHIAVI, A. ; SENTOKU, Y. ; TONCIAN, T. ; AUDEBERT, P. ; WILLI, O.: Laser-Foil Acceleration of High-Energy Protons in Small-Scale Plasma Gradients. In: *Phys. Rev. Lett.* 99 (2007), Juli, 015002. http://dx.doi.org/10.1103/PhysRevLett.99.015002. – DOI 10.1103/PhysRevLett.99.015002

[108] BUFFECHOUX, S. ; PSIKAL, J. ; NAKATSUTSUMI, M. ; ROMAGNANI, L. ; ANDREEV, A. ; ZEIL, K. ; AMIN, M. ; ANTICI, P. ; BURRIS-MOG, T. ; COMPANT-LA-FONTAINE, A. ; D'HUMIÈRES, E. ; FOURMAUX, S. ; GAILLARD, S. ; GOBET, F. ; HANNACHI, F. ; KRAFT, S. ; MANCIC, A. ; PLAISIR, C. ; SARRI, G. ; TARISIEN, M. ; TONCIAN, T. ; SCHRAMM, U. ; TAMPO, M. ; AUDEBERT, P. ; WILLI, O. ; COWAN, T. E. ; PÉPIN, H. ; TIKHONCHUK, V. ; BORGHESI, M. ; FUCHS, J.: Hot Electrons Transverse Refluxing in Ultraintense Laser-Solid Interactions. In: *Phys. Rev. Lett.* 105 (2010), Juli, 015005. http://dx.doi.org/10.1103/PhysRevLett.105.015005. – DOI 10.1103/PhysRevLett.105.015005

[109] K ZEIL, K. ; KRAFT, S.D. ; BOCK, S. ; BUSSMANN, M. ; COWAN, T.E. ; KLUGE, T. ; METZKES, J. ; RICHTER, T. ; SAUERBREY, R. ; U., Schramm.: The scaling of proton energies in ultrashort pulse laser plasma acceleration. In: *New J. Phys.* 12 (2010), April. http://dx.doi.org/10.1088/1367-2630/12/4/045015. – DOI 10.1088/1367-2630/12/4/045015

[110] PASSONI, M. ; BERTAGNA, L. ; ZANI, A.: Target normal sheath acceleration: theory, comparison with experiments and future perspectives. In: *New J. Phys.* 12 (2010), April. http://dx.doi.org/10.1088/1367-2630/12/4/045012. – DOI 10.1088/1367-2630/12/4/045012

[111] ROBSON, L. ; SIMPSON, P.T. ; CLARKE, R.J. ; LEDINGHAM, K.W.D. ; LINDAU, F. ; LUNDH, O. ; MCCANNY, T. ; MORA, P. ; NEELY, D. ; WAHLSTRÖM, C.G. ; ZEPF, M. ; MCKENNA, P.: Scaling of proton acceleration driven by petawatt-laser–plasma interactions. In: *Nature Physics* 3 (2007), S. 58–62. http://dx.doi.org/10.1038/nphys476. – DOI 10.1038/nphys476

[112] BRENNER, C.M. ; GREEN, J.S. ; ROBINSON, A.P.L. ; CARROLL, D.C. ; DROMEY, B. ; FOSTER, P.S. ; KAR, S. ; LI, Y.T. ; MARKEY, K. ; SPINDLOE, C. ; STREETER, M.J.V. ; TOLLEY, M. ; WAHLSTRÖM, C.G. ; XU, M.H. ; ZEPF, M. ; MCKENNA, P.: Dependence of laser accelerated protons on laser energy following the interaction of defocused, intense laser pulses with ultra-thin targets. In: *Laser and Particle Beams* 29 (2011), Juni, S. 345–351. http://dx.doi.org/10.1017/S0263034611000395. – DOI 10.1017/S0263034611000395

[113] ALMOMANI, A. ; BAGNOUD, V. ; BARTH, W. ; BLAZEVIC, A. ; BOINE-FRANKENHEIM, O. ; BRABETZ, C. ; BURRIS-MOG, T. ; BUSOLD, S. ; COWAN,

T. ; DROBA, M. ; EICKHOFF, H. ; FORCK, P. ; GOPAL, A. ; HARRES, K. ; HERZER, S. ; HOFFMEISTER, G. ; HOFMANN, I. ; JÄCKEL, O. ; KALUZA, M. ; KESTER, M. ; NÜRNBERG, F. ; ORZHEKHOVSKAYA, A. ; PAULUS, G. ; POLZ, J. ; RATZINGER, U. ; RÖDEL, C. ; ROTH, M. ; STÖHLKER, T. ; TAUSCHWITZ, A. ; VINZENZ, W. ; YARAMISHEV, S. ; ZIELBAUER, B.: LIGHT Project Report / GSI. 2010. – Forschungsbericht. – https://www.gsi.de/documents/DOC-2010-Nov-36.html

[114] VEKSLER, V.I.: The principle of coherent acceleration of charged particles. In: *Sov. J. Atom Energy* 2 (1957), S. 525–528. http://dx.doi.org/10.1007/BF01491001. – DOI 10.1007/BF01491001

[115] MARX, G.: Interstellar vehicle propelled by terrestrial Laser beam. In: *Nature* 211 (1966), Juli, S. 22–23. http://dx.doi.org/10.1038/211022a0. – DOI 10.1038/211022a0

[116] TSIOLKOVSKY: *Exploration of Cosmic Space by Means of Reaction Devices*. 1903/2008

[117] SASHO, A.: In-tube rocket propulsion using repetitive laser pulses. In: *J. Therm. Sci.* 20 (2011), S. 201–204. http://dx.doi.org/10.1007/s11630-011-0458-5. – DOI 10.1007/s11630-011-0458-5

[118] STICKLAND, D. ; MOUROU, G.: Compression of amplified chirped optical pulses. In: *Opt. Com.* 56 (1985), Dezember, S. 219–221. http://dx.doi.org/10.1016/0030-4018(85)90120-8. – DOI 10.1016/0030-4018(85)90120-8

[119] ESIRKEPOV, T. ; BORGHESI, M. ; BULANOV, S.V. ; MOUROU, G. ; TAJIMA, T.: Highly Efficient Relativistic-Ion Generation in the Laser-Piston Regime. In: *Phys. Rev. Lett.* 92 (2004), April, 175003. http://dx.doi.org/10.1103/PhysRevLett.92.175003. – DOI 10.1103/PhysRevLett.92.175003

[120] MACCHI, A. ; CATTANI, F. ; LISEYKINA, T.V. ; CORNOLTI, F.: Laser acceleration of ion bunches at the front surface of overdense plasmas. In: *Phy. Rev. Lett.* 94 (2005), Nr. 16, 165003. http://link.aps.org/doi/10.1103/PhysRevLett.94.165003

[121] MACCHI, A. ; VEGHINI, S. ; PEGORARO, F.: „Light Sail"Acceleration Reexamined. In: *Phys. Rev. Lett.* 103 (2009), August, 085003. http://dx.doi.org/10.1103/PhysRevLett.103.085003. – DOI 10.1103/PhysRevLett.103.085003

[122] QIAO, B. ; ZEPF, M. ; BORGHESI, M. ; DROMEY, B. ; GEISSLER, M. ; KARMAKAR, A. ; GIBBON, P: Radiation-Pressure Acceleration of Ion Beams from Nanofoil Targets: The Leaky Light-Sail Regime. In: *Phys. Rev. Lett.* 105 (2010), Oktober, Nr. 15, 8–11. http://dx.doi.org/10.1103/PhysRevLett.105.155002. – DOI 10.1103/PhysRevLett.105.155002

[123] QIAO, B. ; KAR, S. ; GEISSLER, M. ; GIBBON, P. ; ZEPF, M. ; M., Borghesi: Dominance of Radiation Pressure in Ion Acceleration with Linearly Polarized Pulses at Intensities of 10^{21} W/cm^2. In: *Phys. Rev. Let.* 108 (2012), März, S. 11502. http://dx.doi.org/10.1103/PhysRevLett.108.115002. – DOI 10.1103/PhysRevLett.108.115002

[124] YAN, X.Q. ; LIN, C. ; SHENG, Z.M. ; GUO, Z.Y. ; LIU, B.C. ; LU, Y.R. ; FANG, J.X. ; CHEN, J.E.: Generating High-Current Monoenergetic Proton Beams by a Circularly Polarized Laser Pulse in the Phase-Stable Acceleration Regime. In: *Phys. Rev. Lett.* 100 (2008), April, 135003. http://dx.doi.org/10.1103/PhysRevLett.100.135003. – DOI 10.1103/PhysRevLett.100.135003

[125] RYKOVANOV, S.G. ; SCHREIBER, J. ; MEYER-TER-VEHN, J. ; BELLEI, C. ; HENIG, A. ; WU, H.C. ; GEISSLER, M.: Ion acceleration with ultra-thin foils using elliptically polarized laser pulses. In: *New Journal of Physics* 10 (2008), November, Nr. 11, 113005. http://dx.doi.org/10.1088/1367-2630/10/11/113005. – DOI 10.1088/1367-2630/10/11/113005

[126] WU, H.C. ; MEYER-TER-VEHN, J. ; FERNÁNDEZ, J. ; HEGELICH, B. M.: Uniform Laser-Driven Relativistic Electron Layer for Coherent Thomson Scattering. In: *Phys. Rev. Lett.* 104 (2010), Juni, 234801. http://dx.doi.org/10.1103/PhysRevLett.104.234801. – DOI 10.1103/PhysRevLett.104.234801

[127] WU, H.C. ; MEYER-TER-VEHN, J. ; HEGELICH, B.M. ; FERNÁNDEZ, J C.: Nonlinear coherent Thomson scattering from relativistic electron sheets as a means to produce isolated ultrabright attosecond x-ray pulses. In: *Phys. Rev. ST Accel. Beams* 14 (2011), Juli, 070702. http://dx.doi.org/10.1103/PhysRevSTAB.14.070702. – DOI 10.1103/PhysRevSTAB.14.070702

[128] KIEFER, D. ; HENIG, A. ; JUNG, D. ; GAUTIER, D.C. ; FLIPPO, K. ; GAILLARD, S.A. ; LETZRING, S. ; JOHNSON, R.P. ; SHAH, R.C. ; SHIMADA, T. ; FERNÁNDEZ, J.C. ; LIECHTENSTEIN, V.Kh. ; SCHREIBER, J. ; HEGELICH, B.M. ; HABS, D.: First observation of quasi-monoenergetic electron bunches driven out of ultra-thin diamond-like carbon (DLC) foils. In: *The European Physical Journal D* 55 (2009), Juli, Nr. 2, 427–432. http://dx.doi.org/10.1140/epjd/e2009-00199-0. – DOI 10.1140/epjd/e2009-00199-0

[129] ROETERDINK, W.G. ; JUURLINK, L.B.F. ; VAUGHAN, O.P.H. ; J., Dura D. ; BONN, M. ; KLEYN, A.W.: Coulomb explosion in femtosecond laser ablation of Si(111). In: *Appl. Phys. Lett.* 82 (2003), April, S. 4290–4292. http://dx.doi.org/10.1063/1.1580647. – DOI 10.1063/1.1580647

[130] HASHIDA, M. ; MISHIMA, H. ; TOKITA, S. ; S., Sakabe: Non-thermal ablation of expanded polytetrafluoroethylene with an intense femtosecond-pulse laser. In: *Optics Express* 17 (2009), S. 13116–13121. http://dx.doi.org/10.1364/OE.17.013116. – DOI 10.1364/OE.17.013116

[131] DITMIRE, T. ; DONNELLY, T. ; RUBENCHIK, A.M. ; FALCONE, R.W. ; PERRY, M.D.: Interaction of intense laser pulses with atomic clusters. In: *Phys. Rev. A* 53 (1996), Mai, S. 3379–3342. http://dx.doi.org/10.1103/PhysRevA.53.3379. – DOI 10.1103/PhysRevA.53.3379

[132] CHRISTEN, H.R. (Hrsg.) ; VÖGTLE, F. (Hrsg.): *Organische Chemie- Von den Grundlagen bis zur Forschung; Band 1.* 2nd. Salle+Sauerländer, 1996. – ISBN 3793553981

Literaturverzeichnis

[133] RÖMPP, H. (Hrsg.) ; FALBE, J. (Hrsg.) ; REGITZ, M. (Hrsg.): *Römpp Chemie Lexikon, 6 Bde.* 10th. Thieme, 1996

[134] VAGER, Z. ; NAAMAN, R. ; KANTER, E.P.: Coulomb Explosion Imaging of Small Molecules. In: *Science* 244 (1998), S. 426–431. http://dx.doi.org/10.1126/science.244.4903.426. – DOI 10.1126/science.244.4903.426

[135] BULANOV, S.S. ; BRANTOV, A. ; BYCHENKOV, V.Y. ; CHVYKOV, V. ; KALINCHENKO, G. ; MATSUOKA, T. ; ROUSSEAU, P. ; REED, S. ; YANOVSKY, V. ; LITZENBERG, D.W. ; KRUSHELNICK, K. ; MAKSIMCHUK, A.: Accelerating monoenergetic protons from ultrathin foils by flat-top laser pulses in the directed-Coulomb-explosion regime. In: *Phys. Rev. E* 78 (2008), August, 026412. http://dx.doi.org/10.1103/PhysRevE.78.026412. – DOI 10.1103/PhysRevE.78.026412

[136] BULANOV, S.S. ; LITZENBERG, D.W. ; KRUSHELNICK, K. ; MAKSIMCHUK, A.: *Directed Coulomb Explosion regime of ion acceleration from mass limited targets by linearly and circularly polarized laser pulses.* Juli 2010. – arXiv-Veröffentlichung: http://arxiv.org/abs/1007.3963v1

[137] THOMSON, J.J.: Rays of positive electricity. In: *Philosophical Magacine* 21 (1993), Nr. 122, 225–249. http://stacks.iop.org/0957-0233/4/i=12/a=018

[138] GROUP, Particle D. (Hrsg.): *Particle Physics Booklet.* Elsevier, 2004

[139] PERKINS, D.H.: *Introduction to High Energy Physics.* Bd. 4. Cambridge University Press, 2000. – ISBN 0521621968

[140] COMPTON, A.H.: A Quantum Theory of the Scattering of X-rays by Light Elements. In: *Phys. Rev.* 21 (1923), Mai, 483–502. http://dx.doi.org/10.1103/PhysRev.21.483. – DOI 10.1103/PhysRev.21.483

[141] RAYLEIGH, J.S.: Investigation of the Character of the Equilibrium of an Incompressible Heavy Fluid of Variable Density. In: *Proc. London Math. Soc.* (1882), S. 170–177

[142] TAYLOR, G.: The Instability of Liquid Surfaces when Accelerated in a Direction Perpendicular to their Planes. In: *Proc. R. Soc. Lond. A* 201 (1950), S. 192–196

[143] GLENDINNING, S.G. ; WEBER, S.V. ; BELL, P. ; DASILVA, L.B. ; DIXIT, S N. ; HENESIAN, M.A. ; KANIA, D.R. ; KILKENNY, J.D. ; POWELL, H.T. ; WALLACE, R.J. ; WEGNER, P.J. ; KNAUER, J.P. ; VERDON, C.P.: Laser-driven planar Rayleigh-Taylor instability experiments. In: *Phys. Rev. Lett.* 69 (1992), August, 1201–1204. http://dx.doi.org/10.1103/PhysRevLett.69.1201. – DOI 10.1103/PhysRevLett.69.1201

[144] YU, T.-P. ; PUKHOV, A. ; SHVETS, G. ; CHEN, M.: Stable Laser-Driven Proton Beam Acceleration from a Two-Ion-Species Ultrathin Foil. In: *Phys. Rev. Lett.* 105 (2010), August, Nr. 6, 1–4. http://dx.doi.org/10.1103/PhysRevLett.105.065002. – DOI 10.1103/PhysRevLett.105.065002

[145] Air Armarment Division (Veranst.): *Pulse Compression-Key to More Efficient Radar Transmission*. Bd. *48*. 1960 (Proceedings of the IRE). – 310–316 S.

[146] FUJIO, S.: Frequency Broadening in Liquids by a Short Light Pulse. In: *Phys. Rev. Lett.* 19 (1967), November, 1097–1100. http://dx.doi.org/10.1103/PhysRevLett.19.1097. – DOI 10.1103/PhysRevLett.19.1097

[147] ALFANO, R.R. ; SHAPIRO, S.L.: Observation of Self-Phase Modulation and Small-Scale Filaments in Crystals and Glasses. In: *Phys. Rev. Lett.* 24 (1970), März, 592–594. http://dx.doi.org/10.1103/PhysRevLett.24.592. – DOI 10.1103/PhysRevLett.24.592

[148] CHIAO, R.Y. ; GARMIRE, E. ; TOWNES, C.H.: Self-Trapping of Optical Beams. In: *Phys. Rev. Lett.* 13 (1964), Oktober, 479–482. http://dx.doi.org/10.1103/PhysRevLett.13.479. – DOI 10.1103/PhysRevLett.13.479

[149] PERVAK, V. ; AHMAD, I. ; TRUSHIN, S.A. ; MAJOR, Z. ; APOLONSKI, A. ; KARSCH, S. ; KRAUSZ, F.: Chirped-pulse amplification of laser pulses with dispersive mirrors. In: *Optics Express* 17 (2009), S. 19204–19212. http://dx.doi.org/10.1364/OE.17.019204. – DOI 10.1364/OE.17.019204

[150] PESSOT, M. ; MAINE, P. ; MOUROU, G.: 1000 times expansion/compression of optical pulses for chirpedpulseamplification. In: *Optics Communication* 62 (1987), März, S. 419–421. http://dx.doi.org/10.1016/0030-4018(87)90011-3. – DOI 10.1016/0030-4018(87)90011-3

[151] CHUANG, Y.H. ; ZHENG, L. ; MEYERHOFER, D.D.: Propagation of Light Pulses in a Chirped-Pulse-Amplification Laser. In: *IEEE Journal of Quantum Electronics* 29 (1993), März, S. 270–280. http://dx.doi.org/10.1109/3.199268. – DOI 10.1109/3.199268

[152] MCMULLEN, J.D.: Analysis of compression of frequency chirped optical pulses by strongly dispersive grating pair. In: *Appl. Opt.* 18 (1979), März, S. 737–741. http://dx.doi.org/10.1364/AO.18.000737. – DOI 10.1364/AO.18.000737

[153] JÄCKEL, O.: *Characterization of ion acceleration with relativistic laser-plasma*, Friedrich-Schiller-Universität Jena, Diss., 2009

[154] SPENCE, D.E. ; KEAN, P.N. ; SIBBETT, W.: 60-fsec pulse generation from a self-mode-locked Ti:sapphire laser. In: *Optics Letters* 16 (1991), Januar, S. 42—44. http://dx.doi.org/10.1364/OL.16.000042. – DOI 10.1364/OL.16.000042

[155] GARSIDE, B.K. ; LIM, T.K.: Laser mode locking using saturable absorbers. In: *J. Appl. Phys.* 44 (1973), Mai, S. 2335–2342. http://dx.doi.org/10.1063/1.1662561. – DOI 10.1063/1.1662561

[156] TOURNOIS, P.: Acousto-optic programmable dispersive filter for adaptive compensation of group delay time dispersion in laser systems. In: *Optics Communication* 140 (1997), S. 245—249. http://dx.doi.org/10.1016/S0030-4018(97)00153-3. – DOI 10.1016/S0030-4018(97)00153-3

[157] OKSENHENDLER, T. ; KAPLAN, D. ; TOURNOIS, P. ; GREETHAM, G.M. ; ESTABL, F.: Intracavity acousto-optic programmable gain control for ultra-wide-band regenerative amplifiers. In: *Appl. Phys. B* 83 (2006), S. 491—494. http://dx.doi.org/10.1007/s00340-006-2231-0. – DOI 10.1007/s00340–006–2231–0

[158] YARIV, A. ; LEITE, R.C.C.: Super radiant narrowing in fluorescence radiation of inverted populations. In: *J. Appl. Phys.* 34 (1963), Juli, S. 3410—3411. http://dx.doi.org/10.1063/1.1729206. – DOI 10.1063/1.1729206

[159] DOVGAL, V.: *Entwicklung und Aufbau eines optischen Verstärkers für ps-Laserpulse*, Technische Universität Darmstadt, Diplomarbeit, 2009

[160] LIESFELD, B.: *A Photon Collider at Relativistic Intensity*, Friedrich-Schiller-Universität Jena, Diss., 2006

[161] JÄCKEL, O.: *Vermessung von Ionenspektren aus relativistischen laserproduzierten Plasmen*, Friedrich-Schiller-Universität Jena, Diplomarbeit, 2006

[162] WIZA, J.L.: Microchannel Plate Detectors. In: *Nucl. Inst. Meth.* 44 (1979), S. 587–601. http://dx.doi.org/10.1016/0029-554X(79)90734-1. – DOI 10.1016/0029–554X(79)90734–1

[163] ROSSNER, W. ; OSTERTAG, M. ; JERMANN, F.: Properties and Applications of Gadolinium Oxysulfide Based Ceramic Scintillators., 1999 (Electrochemical Society Prceeedings 1998), S. 187–194

[164] HU, C. ; BLACK, N.L. ; BARTAL, T. ; BEG, F.N. ; EDER, D.C. ; LINK, A.J. ; MACPHEE, A.G. ; PING, Y. ; SONG, P.M. ; THROOP, A. ; WOERKOM, L. van: Absolute calibration of image plates for electrons at energy between 100 keV and 4 MeV. In: *Rev. Sci. Inst.* 79 (2008), Nr. 03301. http://dx.doi.org/10.1063/1.2885045. – DOI 10.1063/1.2885045

[165] GEIGER, H. ; MÜLLER, W.: Elektronenzählrohr zur Messung schwächster Aktivitäten. In: *Die Naturwissenschaften* 16 (1928), Nr. 31, S. 617–618. http://dx.doi.org/10.1007/BF01494093. – DOI 10.1007/BF01494093

[166] CURRAN, S.C. (Hrsg.) ; CRAGGS, J.D. (Hrsg.): *Counting tubes theory and applications*. 1. Academic Press, 1949

[167] BLUMENTHAL, G. ; GOULD, R.J.: Bremsstrahlung, Synchrotron Radiation and Compton Scattering of High-Energy Electrons Traversing Dilute Gases. In: *Review of Modern Physics* 42 (1970), April, S. 237–270. http://dx.doi.org/0.1103/RevModPhys.42.237. – DOI 0.1103/RevModPhys.42.237

[168] NEUMAYER, P. ; AURAND, B. ; BASKO, M. ; ECKER, B. ; GIBBON, P. ; HOCHHAUS, D. C. ; KARMAKAR, A. ; KAZAKOV, E. ; KUEHL, T. ; LABAUNE, C. ; ROSMEJ, O. ; TAUSCHWITZ, An. ; ZIELBAUER, B. ; ZIMMER, D.: The role of hot electron refluxing in laser-generated K-alpha sources. In: *Physics of Plasmas* 17 (2010), Nr. 10, 103103. http://dx.doi.org/10.1063/1.3486520. – DOI 10.1063/1.3486520

[169] AMPLITUDE TECHNOLOGIES (Hrsg.): *Datenblatt: Sequioa Cross-correlator.* http://www.amplitude-technologies.com/File/SEQUOIA.pdf; Stand: 14.11.2011: Amplitude Technologies

[170] LUAN, S. ; HUTCHINSON, M.H.R. ; SMITH, R.A. ; ZHOU, F.: High dynamic range third-order correlation measurement of picosecond laser pulse shapes. In: *Measurement Science and Technology* 4 (1993), Nr. 12, 1426–1429. http://stacks.iop.org/0957-0233/4/i=12/a=018

[171] KAPTEYN, H.C. ; MURNANE, M.M. ; SZOKE, A. ; FALCONE, R.W.: Prepulse energy suppression for high-energy ultrashort pulses using self-induced plasma shuttering. In: *Optics Letters* 16 (1991), S. 490–492. http://dx.doi.org/10.1364/OL.16.000490. – DOI 10.1364/OL.16.000490

[172] RÖDEL, C. ; HEYER, M. ; BEHMKE, M. ; KÜBEL, M. ; JÄCKEL, O. ; ZIEGLER, W. ; EHRT, D. ; KALUZA, M. C. ; PAULUS, G. G.: High repetition rate plasma mirror for temporal contrast enhancement of terawatt femtosecond laser pulses by three orders of magnitude. In: *App. Phys. B* 103 (2010), November, Nr. 2, 295–302. http://dx.doi.org/10.1007/s00340-010-4329-7. – DOI 10.1007/s00340–010–4329-7

[173] WITTMANN, T.: *Complete characterization of plasma mirrors and developement of a singe-shot carrier-envelope phase meter*, University of Szeged, Diss., 2009

[174] KHALENKOV, A.M. ; BORISENKI, N.G. ; KONDRASHOV, V.N. ; MERKULIEV, Y.A. ; LIMPOUCH, J. ; PIMENOV, V.G.: Experience of micro-heterogeneous target fabrication to study energy transport in plasma near critical density. In: *Laser and Particle Beams* 24 (2006), S. 283–290. http://dx.doi.org/10.1017/S0263034606060435. – DOI 10.1017/S0263034606060435

[175] ROSMEJ, O. ; BAGNOUD, V. ; EISENBARTH, U. ; VATULIN, V. ; ZHIDKOV, N. ; SUSLOV, N. ; KUNIN, A. ; PINEGIN, A. ; SCHAFER, D. ; NISIUS, T. ; WILHEIN, T. ; RIENECKER, T. ; WIECHULA, J. ; JACOBY, J. ; ZHAO, Y. ; VERGUNOVA, G. ; BORISENKO, N. ; ORLOV, N.: Heating of low-density CHO-foam layers by means of soft X-rays. In: *Nucl. Inst. Meth. A* 653 (2011), Oktober, S. 52–57. http://dx.doi.org/10.1016/j.nima.2011.01.167. – DOI 10.1016/j.nima.2011.01.167

[176] KITTEL, C. (Hrsg.): *Einführung in die Festkörperphysik.* 11. Oldenbourg Wissenschaftsverlag, 1996. – ISBN 3486238434

[177] LIECHTENSTEIN, V.K. ; IVKOVA, T.M. ; OLSHANSKI, E.D. ; GOLSER, R. ; KUTSCHERA, W. ; STEIER, P. ; VOCKENHUBER, C. ; REPNOW, R. ; HAHN, R. von ; FRIEDRICH, M. ; KREISSIG, U.: Recent investigations and applications of thin diamond-like carbon (DLC) foils. In: *Nucl. Inst. Meth A* 521 (2004), Nr. 1, 197–202. http://dx.doi.org/10.1016/j.nima.2003.11.151. – DOI 10.1016/j.nima.2003.11.151

[178] LIECHTENSTEIN, V.K ; IVKOVA, T.M. ; OLSHANSKI, E.D. ; REPNOW, R. ; STEIER, P. ; KUTSCHERA, W. ; WALLNER, A. ; HAHN, R. von: Preparation and investigation

of ultra-thin diamond-like carbon (DLC) foils reinforced with collodion. In: *Nucl. Inst. Meth A* 561 (2006), Nr. 1, 120–123. http://dx.doi.org/10.1016/j.nima.2005.12.178. – DOI 10.1016/j.nima.2005.12.178

[179] ZEISSLER, S.: *Korrespondenz Fa. Micromatter 1*. – Email vom 03.08.2010

[180] ZEISSLER, S.: *Korrespondenz Fa. Micromatter 2*. – Email vom 17.02.2011

[181] EGERTON, R.F. (Hrsg.): *Electron Energy-Loss Spectroscopy in the Electron Microscope*. 3. Springer, 2011. – ISBN 9781441995827

[182] STORER, P. ; CAI, Y.Q. ; CANNEY, S.A. ; CLARK, S.A.C. ; KHIEFETS, A.S. ; MCCARTHY, I.E. ; UTTERIDGE, S. ; VOS, M. ; WEIGOLD, E.: Surface characterization of diamond-like amorphous carbon foils by (e,2e) spectroscopy and transmission electron energy loss spectroscopy. In: *J. Phys. D: Appl. Phys.* 28 (1995), Nr. 11, S. 2340–2344. http://dx.doi.org/10.1088/0022-3727/28/11/017. – DOI 10.1088/0022-3727/28/11/017

[183] L., Ponsonnet. ; DONNET, C. ; VARLOT, K. ; J.A., Martin ; GRILL, A. ; V., Patel: EELS analysis of hydrogenated diamond-like carbon films. In: *Thin Solid Films* 319 (1998), S. 97–100. http://dx.doi.org/10.1016/S0040-6090(97)01094-8. – DOI 10.1016/S0040-6090(97)01094-8

[184] LAUTERBACH, S.: *Bericht und Rechnung über die Bestimmung des sp3 Anteils in Kohlenstoff bzw. DLC Folien mit EEL-Spektroskopie*. Dezember 2010. – Messprotokoll

[185] FERRARI, A.C.: Determination of bonding in diamond-like carbon by Raman spectroscopy. In: *Diamond and Related Materials* 11 (2002), S. 1053—1061. http://dx.doi.org/10.1016/S0925-9635(01)00730-0. DOI 10.1016/S0925-9635(01)00730-0

[186] GRADOWSKI, M. von ; SCHNEIDER, H.H. ; JACOBY, B. ; OHR, R. ; HILGERS, H.: Ramanspektroskopische Charakterisierung von ultra-dünnen Kohlenstoff-Schutzschichten für die Magnetspeichertechnologie. In: *Vakuum in Forschung und Praxis* 15 (2003), S. 139—145. http://dx.doi.org/10.1002/vipr.200300183. – DOI 10.1002/vipr.200300183

[187] TONG, Q. ; KRUMOVA, M. ; S MECKING, S.: Crystalline Polymer Ultrathin Films from Mesoscopic Precursors. In: *Angew. Chem. Int. Ed.* 47 (2008), S. 4509—4511. http://dx.doi.org/10.1002/anie.200801028. – DOI 10.1002/anie.200801028

[188] AURAND, B. ; KUSCHEL, S. ; RÖDEL, C. ; JÄCKEL, O. ; ELKIN, B. ; KUEHL, T.: *Verfahren zur Herstellung ultradünner Polymerfolien*. Deutsches Patent- und Markenamt. – Az.: DE 10 2012 100 476.5

[189] GREINER, A. ; MANG, S. ; SCHÄFER, O. ; SIMON, P.: Poly(p-xylylene)s: Synthesis, polymer analogous reactions, ans perspective on structure-property relationships. In: *Acta Polymer.* 48 (1997), März, S. 1—15. http://dx.doi.org/10.1002/actp.1997.010480101. – DOI 10.1002/actp.1997.010480101

[190] LAHANN, J.: Vapor-based polymer coatings for potential biomedical applications. In: *Polym. Int.* 55 (2006), S. 1361—1370. http://dx.doi.org/10.1002/pi.2098. – DOI 10.1002/pi.2098

[191] DRUDE, P.: Über die Gestze der Reflexion des Lichtes an der Grenze absorbierender Kristalle. In: *Annalen der Physik* 268 (1887), S. 585–625

[192] SHAMIR, J. ; KLEIN, A.: Ellipsometry with rotating plane-polarized light. In: *Appl. Opics.* 25 (1986), S. 1476–1480. http://dx.doi.org/10.1364/AO.25.001476. – DOI 10.1364/AO.25.001476

[193] ELKIN, B.: *Korrespondenz Fraunhofer Institut für Grenzflächen und Bioverfahrenstechnik.* – Email vom 17.04.2011

[194] KUSCHEL, S.: *Arbeitstitel: Ionenbeschleunigung vn ultradünnen Folien bei relativistischen Intensitäten*, Friedrich-Schiller-Universität Jena, Diplomarbeit, 2012

[195] CARTWRIGHT, B.G. ; SHIRK, E.K. ; PRICE, P.B.: A nuclear-track-recording polymer of unique sensitivity and resolution. In: *Nuclear Instruments and Methods* 153 (1978), Nr. 2–3, 457–460. http://dx.doi.org/10.1016/0029-554X(78)90989-8. – DOI 10.1016/0029-554X(78)90989-8

[196] HENIG, A.: *Advanced Approaches to High Intensity Laser-Driven Ion Acceleration*, Ludwig-Maximilians-Universität München, Diss., 2010

[197] STEINKE, S.: *Ion Acceleration in the Laser Transparency Regime*, Technische Universität Berlin, Diss., 2010

[198] JOUSTEN, K.: *Wutz Handbuch Vakuumtechnik*. 10. Vieweg+Teubner, 2009. – ISBN 3834806951

[199] TEUBNER, U. ; GIBBON, P.: High-order harmonics from laser-irradiated plasma surfaces. In: *Rev. Mod. Phys.* 81 (2009), April, 445–479. http://dx.doi.org/10.1103/RevModPhys.81.445. – DOI 10.1103/RevModPhys.81.445

[200] DETERT, U. ; WOLKERSDORFER, K.: JUROPA - Jülich Research on Petaflop Architectures. In: *inSiDE* 7 (2008), S. 64–65

[201] BACKUS, J.: The history of Fortran I, II and III, 1978

[202] BONITZ, M. (Hrsg.) ; SEMKAT, D. (Hrsg.): *Introduction to Computational Methods in Many-Body Physics*. 1. Rinton Press, Princeton, 2006. – ISBN 1589490096

[203] KIRCHHOFF, G.: Über das Verhältnis zwischen dem Emissionsvermögen und dem Absorptionsvermögen der Körper für Wärme und Licht. In: *Annalen der Physik* 185 (1860), S. 275–301

[204] BOLTZMANN, L.: Ableitung des Stefan'schen Gesetzes, betreffend die Abhängigkeit der Wärmestrahlung von der Temperatur aus der electromagnetischen Lichttheorie. In: *Annalen der Physik* 258 (1884), S. 291—294. http://dx.doi.org/10.1002/andp.18842580616. – DOI 10.1002/andp.18842580616

Literaturverzeichnis

[205] STEFAN, J.: Über die Beziehung zwischen der Wärmestrahlung und der Temperatur, 1879, S. 391–428

[206] HUBA, J.D.: *NRL Plasma Formulary*. Naval Research Laboratory, 2006

[207] POST, R.F.: A compilation of some rates and cross sections of interest in controlled thermonuclear research. In: *Rev. Mod. Phys.* 28 (1956), Juni, S. 338–362. http://dx.doi.org/10.1103/RevModPhys.28.338. – DOI 10.1103/RevModPhys.28.338

[208] WANDEL, C.F. ; HESSELBERG JENSEN, T. ; O., Kofoed-Hansen: A compilation of some rates and cross sections of interest in controlled thermonuclear research. In: *Nucl. Inst. Meth* 4 (1959), Juni, S. 249–260. http://dx.doi.org/0.1016/0029-554X(59)90074-6. – DOI 0.1016/0029-554X(59)90074-6

[209] BULANOV, S.V. ; KHOROSHKOV, V.S.: Feasibility of Using Laser Ion Accelerators in Proton Therapy. In: *Plasma Physics Reports* 28 (2002), S. 453–456. http://dx.doi.org/10.1063/1.1843524. – DOI 10.1063/1.1843524

[210] BULANOV, T.Z. S.V. E. S.V. Esirkepov ; KHOROSHKOV, V.S. ; A.V., Kuznetsov ; PEGORARO, F.: Oncological hadrintherapy with laser ion accelerators. In: *Phys. Lett. A* 299 (2002), S. 240–247. http://dx.doi.org/10.1016/S0375-9601(02)00521-2. – DOI 10.1016/S0375-9601(02)00521-2

[211] BULANOV, T.Z. S.V. E. S.V. Esirkepov ; KHOROSHKOV, V.S. ; A.V., Kuznetsov ; PEGORARO, F.: Particle in cell simulation of laser-accelerated proton beams for radiation therapy. In: *Medical Physics* 29 (2002), S. 2788–2798

[212] PETROV, G.M. ; WILLINGALE, L. ; DAVIS, J. ; PETROVA, T. ; MAKSIMCHUK, M. ; KRUSHELNICK, K.: The impact of contaminants on laser-driven light ion acceleration. In: *Phys. Plasma* 17 (2010), Oktober, S. 103111. http://dx.doi.org/10.1063/1.3497002. – DOI 10.1063/1.3497002

[213] PFOTENHAUER, S.M. ; JÄCKEL, O. ; SACHTLEBEN, A. ; POLZ, J. ; ZIEGLER, W. ; SCHLENVOIGT, H.P. ; AMTHOR, K.U. ; KALUZA, M.C. ; LEDINGHAM, K.W.D. ; SAUERBREY, R. ; GIBBON, P. ; ROBINSON, A.P.L ; SCHWOERER, H.: Spectral shaping of laser generated proton beams. In: *New J. Phys.* 10 (2008), S. 033034. http://dx.doi.org/10.1088/1367-2630/10/3/033034. – DOI 10.1088/1367-2630/10/3/033034

[214] HEGELICH, M. ; KARSCH, S. ; PRETZLER, G. ; HABS, D. ; WITTE, K. ; GUENTHER, W. ; ALLEN, M. ; BLAZEVIC, A. ; FUCHS, J. ; GAUTHIER, J.C. ; GEISSEL, M. ; AUDEBERT, P. ; COWAN, T. ; ROTH, M.: MeV Ion Jets from Short-Pulse-Laser Interaction with Thin Foils. In: *Phys. Rev. Lett.* 89 (2002), August, 085002. http://dx.doi.org/10.1103/PhysRevLett.89.085002. – DOI 10.1103/PhysRevLett.89.085002

[215] STEINKE, S. ; HENIG, A. ; SCHNÜRER, M. ; SOKOLLIK, T. ; NICKLES, P.V. ; JUNG, D. ; KIEFER, D. ; HÖRLEIN, R. ; SCHREIBER, J. ; TAJIMA, T. ; YAN, X.Q. ; HEGELICH, M. ; MEYER-TER-VEHN, J. ; SANDNER, W. ; HABS, D.: Efficient ion

acceleration by collective laser-driven electron dynamics with ultra-thin foil targets. In: *Laser and Particle Beams* 28 (2010), S. 215–221. http://dx.doi.org/10.1017/S0263034610000157. – DOI 10.1017/S0263034610000157

[216] HEY, D.S. ; FOORD, M.E. ; KEY, M.H. ; LEPAPE, S.L. ; MACKINNON, A.J. ; PATEL, P.K. ; PING, Y. ; AKLI, K.U. ; STEPHENS, R.B. ; BARTAL, T. ; BEG, F.N. ; FEDOSEJEVS, R. ; FRIESEN, H. ; TIEDJE, H.F. ; TSUI, Y.Y.: Laser-accelerated proton conversion efficiency thickness scaling. In: *Natur* 16 (2009), S. 123108. http://dx.doi.org/10.1063/1.3270079. – DOI 10.1063/1.3270079

[217] LAWSON, J.: Some Criteria for a Power Producing Thermonuclear Reactor. In: *Proc. Phys. Soc.* 70 (1957), S. 6–10. http://dx.doi.org/10.1088/0370-1301/70/1/303. – DOI 10.1088/0370-1301/70/1/303

[218] NUCKOLLS, J. ; WOOD, L. ; THIESSEN, A. ; ZIMMERMAN, G.: Laser Compression of Matter to Super-High Densities: Thermonuclear (CTR) Applications. In: *Natur* 239 (1972), S. 139–142. http://dx.doi.org/10.1038/239139a0. – DOI 10.1038/239139a0

[219] LINDL, J.: Development of the indirect-drive approach to inertial confinement fusion and the target physics basis for ignition and gain. In: *Phys. Plasmas* 2 (1995), S. 3933–4024. http://dx.doi.org/10.1063/1.871025. – DOI 10.1063/1.871025

[220] BORGHESI, M. ; FUCHS, J. ; BULANOV, S.V. ; MACKINNON, A.J. ; PATEL, P.K. ; ROTH, M.: Fast ion generation by high-intensity laser irradiation of solid targets and applications. In: *Fusion science and technologie* 49 (2006), April, S. 412–439

[221] KOENIG, M. ; HENRY, E. ; HUSER, G. ; BENUZZI-MOUNAIX, A. ; FARAL, B. ; MARTINOLLI, E. ; LEPAPE, S. ; VINCI, T. ; BATANI, D. ; TOMASINI, M. ; TELARO, B. ; LOUBEYRE, P. ; HALL, T. ; CELLIERS, P. ; COLLINS, G. ; DASILVA, L. ; CAUBLE, R. ; HICKS, D. ; BRADLEY, D. ; MACKINNON, A. ; PATEL, P. ; EGGERT, J. ; PASLEY, J. ; WILLI, O. ; NEELY, D. ; NOTLEY, M. ; DANSON, C. ; BORGHESI, M. ; ROMAGNANI, L. ; BOEHLY, T. ; LEE, K.: High pressures generated by laser driven shocks: applications to planetary physics. In: *Nucl. Fusion* 44 (2004), S. 208–214. http://dx.doi.org/10.1088/0029-5515/44/12/S11. – DOI 10.1088/0029-5515/44/12/S11

[222] PEZERIL, T. ; SAINI, G. ; VEYSSET, D. ; KOOI, S. ; FIDKOWSKI, P. ; RADOVITZKY, R. ; NELSON, Keith A.: Direct Visualization of Laser-Driven Focusing Shock Waves. In: *Phys. Rev. Lett.* 106 (2011), Mai, 214503. http://dx.doi.org/10.1103/PhysRevLett.106.214503. – DOI 10.1103/PhysRevLett.106.214503

[223] SALZMANN, D. ; ELIEZER, S. ; KRUMBEIN, A.D. ; GITTER, L.: Laser-driven shock-wave propagation in pure and layered targets. In: *Phys. Rev. A* 28 (1983), September, 1738–1751. http://dx.doi.org/10.1103/PhysRevA.28.1738. – DOI 10.1103/PhysRevA.28.1738

[224] HICKS, D.G. ; BOEHLY, T.R. ; CELLIERS, P.M. ; EGGERT, J.H. ; MOON, S.J. ; MEYERHOFER, D.D. ; COLLINS, G.W.: Laser-driven single shock compression of

fluid deuterium from 45 to 220 GPa. In: *Phys. Rev. B* 85 (2012), März. http://dx.doi.org/10.1103/PhysRevB.79.014112. – DOI 10.1103/PhysRevB.79.014112

[225] MILLER, J.E. ; BOEHLY, T.R. ; MELCHIOR, A. ; MEYERHOFER, D.D. ; CELLIERS, P.M. ; EGGERT, J.H. ; HICKS, D.G. ; SORCE, C.M. ; OERTEL, J.A. ; EMMEL, P.M.: Streaked optical pyrometer system for laser-driven shock-wave experiments on OMEGA. In: *Rev. Sci. Instrum* 78 (2007). http://dx.doi.org/10.1063/1.2712189. – DOI 10.1063/1.2712189

[226] HENIG, A. ; KIEFER, D. ; GEISSLER, M. ; RYKOVANOV, S.G. ; RAMIS, R. ; HÖRLEIN, R. ; OSTERHOFF, J. ; MAJOR, Z. ; VEISZ, L. ; KARSCH, S. ; KRAUSZ, F. ; HABS, D. ; SCHREIBER, J.: Laser-Driven Shock Acceleration of Ion Beams from Spherical Mass-Limited Targets. In: *Phys. Rev. Lett.* 102 (2009), März, 095002. http://dx.doi.org/10.1103/PhysRevLett.102.095002. – DOI 10.1103/PhysRevLett.102.095002

[227] HOCHHAUS, D.C.: *X-ray Diagnostics on Isochorically Heated Warm Dense Matter*, Universität Frankfurt, Diss., 2012

[228] PARK, H.S. ; CHAMBERS, D.M. ; CHUNG, H.K. ; CLARKE, R. J. ; EAGLETON, R. ; GIRALDEZ, E. ; GOLDSACK, T. ; HEATHCOTE, R. ; IZUMI, N. ; KEY, M.H. ; KING, J.A. ; KOCH, J.A. ; LANDEN, O.L. ; NIKROO, A. ; PATEL, P.K. ; PRICE, D.F. ; REMINGTON, B.A. ; ROBEY, H.F. ; SNAVELY, R.A. ; STEINMAN, D.A. ; STEPHENS, R.B. ; STOECKL, C. ; STORM, M. ; TABAK, M. ; THEOBALD, W. ; TOWN, R.P.J. ; WICKERSHAM, J.E. ; ZHANG, B.B.: High-energy K_α radiography using high-intensity, short-pulse lasers. In: *Phys. Plas.* 13 (2006), S. 056309. http://dx.doi.org/10.1063/1.2178775. – DOI 10.1063/1.2178775

[229] KULAGIN, V.V. ; CHEREPENIN, V.A. ; HUR, M.S. ; SUK, H.: Flying mirror model for interaction of a super-intense nonadiabatic laser pulse with a thin plasma layer: Dynamics of electrons in a linearly polarized external field. In: *Phys. Plasmas* 14 (2007), S. 113101. http://dx.doi.org/10.1063/1.2799164. – DOI 10.1063/1.2799164

[230] BULANOV, S.V. ; ESIRKEPOV, T. ; TAJIMA, T.: Light Intensification towards the Schwinger Limit. In: *Phys. Rev. Lett.* 91 (2003), August, 085001. http://dx.doi.org/10.1103/PhysRevLett.91.085001. – DOI 10.1103/PhysRevLett.91.085001

[231] KANDO, M. ; PIROZHKOV, A.S. ; KAWASE, K. ; ESIRKEPOV, T.Z. ; FUKUDA, Y. ; KIRIYAMA, H. ; OKADA, H. ; DAITO, I. ; KAMESHIMA, T. ; HAYASHI, Y. ; KOTAKI, H. ; MORI, M. ; KOGA, J.K. ; DAIDO, H. ; FAENOV, A.Y. ; PIKUZ, T. ; MA, J. ; CHEN, L.M. ; RAGOZIN, E.N. ; KAWACHI, T. ; KATO, Y. ; TAJIMA, T. ; BULANOV, S.V.: Enhancement of Photon Number Reflected by the Relativistic Flying Mirror. In: *Phys. Rev. Lett.* 103 (2009), Dezember, 235003. http://dx.doi.org/10.1103/PhysRevLett.103.235003. – DOI 10.1103/PhysRevLett.103.235003

[232] KELLY, P.J. ; ARNELL, R.D.: Magnetron sputtering: a review of recent developements and applications. In: *Vacuum* 56 (2000), S. 159–172

[233] SZIPOCS, R. ; FERENCZ, K. ; SPIELMANN, C. ; KRAUSZ, F.: Chirped multilayer coatings for broadband dispersion control in femtosecond lasers. In: *Optics Letters* 19 (1994), Februar, Nr. 3, 201. http://www.ncbi.nlm.nih.gov/pubmed/19829591

[234] KÄRTNER, F.X. ; MATUSCHEK, N. ; SCHIBLI, T. ; KELLER, U. ; HAUS, H.A. ; HEINE, C. ; MORF, R. ; SCHEUER, V. ; TILSCH, M. ; TSCHUDI, T.: Design and fabrication of double-chirped mirrors. In: *Optics Letters* 22 (1997), Juni, Nr. 11, 831. http://dx.doi.org/10.1364/OL.22.000831. – DOI 10.1364/OL.22.000831

[235] SZIPOCS, R. ; KÖHÁZI-KIS, A.: Theory and design of chirped dielectric laser mirrors. In: *Appl.Phys. B* 65 (1997), S. 115–135. http://dx.doi.org/10.1007/s003400050258. – DOI 10.1007/s003400050258

[236] SIEGMAN, A. E.: *Principles of Optics*. University Science Books, 1986. – ISBN 0935702113

[237] WOODS, R. M.: *Laser-induced damage of optical materials*. 1. Taylor & Francis, 2003. – ISBN 0750308451

[238] LENZNER, M. ; KRÜGER, J. ; SARTANIA, S. ; CHENG, Z. ; SPIELMANN, Ch. ; MOUROU, G. ; KAUTEK, W. ; KRAUSZ, F.: Femtosecond Optical Breakdown in Dielectrics. In: *Phys. Rev. Lett.* 80 (1998), Mai, Nr. 18, 4076–4079. http://dx.doi.org/10.1103/PhysRevLett.80.4076. – DOI 10.1103/PhysRevLett.80.4076

[239] SCHAFFER, C.B. ; BRODEUR, A. ; MAZUR, E.: Laser-induced breakdown and damage in bulk transparent materials induced by tightly focused femtosecond laser pulses. In: *Meas. Sci Tech.* 12 (2001), 1784. http://dx.doi.org/10.1088/0957-0233/12/11/305. – DOI 10.1088/0957-0233/12/11/305

[240] SAID, A. A. ; XIA, T. ; DOGARIU, A. ; HAGAN, D.J. ; SOILEAU, M.J. ; VAN STRYLAND, E.W. ; MOHEBI, M.: Measurement of the optical damage threshold in fused quartz. In: *Appl. Opt.* 34 (1995), Juni, Nr. 18, S. 3374–6. http://dx.doi.org/10.1364/AO.34.003374. – DOI 10.1364/AO.34.003374

[241] NITSCHE, R. ; FRITZ, T.: Precise Determination of the Complex Optical Constant of Mica. In: *Appl. Opt.* 43 (2004), S. 3263–3270. http://dx.doi.org/10.1364/AO.43.003263. – DOI 10.1364/AO.43.003263

[242] AURAND, B. ; KUSCHEL, S. ; RÖDEL, C. ; HEYER, M. ; WUNDERLICH, F. ; JÄCKEL, O. ; KALUZA, M. C. ; PAULUS, G. G. ; KÜHL, T.: Creating circularly polarized light with a phase-shifting mirror. In: *Optics Express* 19 (2011), Nr. 18, 17151–17157. http://dx.doi.org/10.1364/OE.19.017151. – DOI 10.1364/OE.19.017151

[243] IACONIS, C. ; WALMSLEY, I.A.: Spectral phase interferometry for direct electric-field reconstruction of ultrashort optical pulses. In: *Optics Letters* 23 (1998), S. 792–794. http://dx.doi.org/10.1364/OL.23.000792. – DOI 10.1364/OL.23.000792

[244] AURAND, B. ; RÖDEL, C. ; KUSCHEL, S. ; WÜNESCHE, M. ; JÄCKEL, O. ; HEYER, M. ; WUNDERLICH, F. ; KALUZA, M.C. ; PAULUS, G.G. ; KÜHL, T.: Note: A large aperture Four-mirror reflective wave-plate for high-intensity short-pulse laser experiments. In: *Rev. Sci. Inst A* 83 (2012), Nr. 3. http://dx.doi.org/10.1063/1.3694659. – DOI 10.1063/1.3694659

[245] PERRY, M.D. ; STUART, B.C. ; TIETBOHL, G. ; MILLER, J. ; BRITTEN, J.A. ; BOYD, R. ; EVERETT, M. ; HERMAN, S. ; NGUYEN, H. ; POWELL, H.T. ; SHORE, B.W.: The petawatt laser and its application to inertial confinement fusion, 1996 (Lasers and Electro-Optics, 1996. CLEO '96.), S. 307–308

[246] MOUROU, G. ; BARRY, C.P.J. ; PERRY, M.D.: Ultrahigh-Intensity Lasers: Physics of the Extreme on a Tabletop. In: *Phys. Today* 51 (1998), S. 22–28. http://dx.doi.org/10.1063/1.882131. – DOI 10.1063/1.882131

[247] BAGNOUD, V. ; AURAND, B. ; BLAZEVIC, A. ; BORNEIS, S. ; BRUSKE, C. ; ECKER, B. ; EISENBARTH, U. ; FILS, J. ; FRANK, A. ; GAUL, E. ; GOETTE, S. ; HAEFNER, C. ; HAHN, T. ; HARRES, K. ; HEUCK, H.-M. ; HOCHHAUS, D. ; HOFFMANN, D.H.H. ; JAVORKOVÁ, D. ; KLUGE, H.-J. ; KUEHL, T. ; KUNZER, S. ; KREUTZ, M. ; MERZ-MANTWILL, T. ; NEUMAYER, P. ; ONKELS, E. ; REEMTS, D. ; ROSMEJ, O. ; ROTH, M. ; STOEHLKER, T. ; TAUSCHWITZ, A. ; ZIELBAUER, B. ; ZIMMER, D. ; WITTE, K.: Commissioning and early experiments of the PHELIX facility. In: *Appl. Phys. B* 100 (2009), Dezember, Nr. 1, 137–150. http://dx.doi.org/10.1007/s00340-009-3855-7. – DOI 10.1007/s00340–009–3855–7

[248] ZIMMER, D.F.: *A new double laser pulse pumping scheme for transient collisionally excited plasma soft x-ray lasers*, Johannes Gutenberg-Universität Mainz, Diss., 2010

[249] BOCK, R. ; HERRMANN, G. ; SIEGERT, G.: *Schwerionenforschung: Beschleuniger, Atomphysik, Kernphysik, Kernchemie, Anwendungen*. Wissenschaftliche Buchgesellschaft, 1993. – ISBN 3534096509

[250] ZIMMER, D. ; ROS, D. ; GUILBAUD, O. ; HABIB, J. ; KAZAMIAS, S. ; ZIELBAUER, B. ; BAGNOUD, V. ; ECKER, B. ; HOCHHAUS, D. ; AURAND, B. ; NEUMAYER, P. ; KUEHL, T.: Short-wavelength soft-x-ray laser pumped in double-pulse single-beam non-normal incidence. In: *Phys. Rev. A* 82 (2010), Juli, Nr. 1, 3–6. http://dx.doi.org/10.1103/PhysRevA.82.013803. – DOI 10.1103/PhysRevA.82.013803

[251] KUEHL, T. ; AURAND, B. ; BAGNOUD, V. ; ECKER, B. ; EISENBARTH, U. ; FILS, J. ; HOCHHAUS, D. ; JAVORKOVA, D. ; NEUMAYER, P. ; ZIELBAUER, B. ; ZIMMER, D. ; HABIB, J. ; KAZAMIAS, S. ; KLISNICK, A. ; ROS, D. ; SERES, J. ; SPIELMANN, C. ; URSESCU, D.: X-ray laser developments at PHELIX, 2009 (Proc. SPIE)

[252] KUEHL, T. ; AURAND, B. ; BAGNOUD, V. ; ECKER, B. ; EISENBARTH, U. ; GUILBAUD, O. ; FILS, J. ; GOETTE, S. ; HABIB, J. ; HOCHHAUS, D. ; JAVORKOVA, D. ; NEUMAYER, P. ; KAZAMIAS, S. ; PITTMAN, M. ; ROS, D. ; SERES, J. ; SPIELMANN, Ch. ; ZIELBAUER, B. ; ZIMMER, D.: Progress in the applicability of plasma X-ray lasers. In: *Hyperfine Interactions* 196 (2010), Januar, Nr. 1-3, 233–241. http://dx.doi.org/10.1007/s10751-009-0141-3. – DOI 10.1007/s10751–009–0141–3

[253] SERES, J. ; SERES, E. ; HOCHHAUS, D. ; ECKER, B. ; ZIMMER, D. ; BAGNOUD, V. ; KUEHL, T. ; SPIELMANN, C.: Laser-driven amplification of soft X-rays by parametric stimulated emission in neutral gases. In: *Nature Physics* 5 (2010), April, Nr. 5, 1–7. http://dx.doi.org/10.1038/nphys1638. – DOI 10.1038/nphys1638

[254] AURAND, B. ; SERES, J. ; BAGNOUD, V. ; ECKER, B. ; HOCHHAUS, D.C. ; P., Neumayer ; SERES, E. ; SPIELMANN, C. ; ZIELBAUER, B. ; A., Zimmer ; KUEHL, T.: Laser driven X-ray parametric amplification in neutral gases—a new brilliant light source in the XUV. In: *Nucl. Inst. Meth. A* 653 (2010). http://dx.doi.org/doi:10.1016/j.nima.2010.12.208. – DOI doi:10.1016/j.nima.2010.12.208

[255] HOCHHAUS, D. C. ; J., Seres ; AURAND, B. ; ECKER, B. ; ZIELBAUER, B. ; ZIMMER, D. ; SPIELMANN, C. ; KUEHL, T.: Tuning the high-order harmonic lines of a Nd:Glass laser for soft X-ray laser seeding . In: *Applied Physics B* 100 (2010), Nr. 4, 711–716. http://dx.doi.org/10.1007/s00340-010-4058-y. – DOI 10.1007/s00340–010 4058 y

[256] FRANK, A. ; BLAŽEVIĆ, A. ; GRANDE, P.L. ; HARRES, K. ; HESSLING, T. ; HOFFMANN, D.H.H. ; KNOBLOCH-MAAS, R. ; KUZNETSOV, P. G. ; NUERNBERG, F. ; PELKA, A. ; SCHAUMANN, G. ; SCHIWIETZ, G. ; SCHOEKEL, A. ; SCHOLLMEIER, M. ; SCHUMACHER, D. ; SCHUETRUMPF, J. ; VATULIN, V.V. ; VINOKUROV, O.A. ; ROTH, M.: Energy loss of argon in a laser-generated carbon plasma. In: *Physical Review E* 81 (2010), Februar, Nr. 2, 1–6. http://dx.doi.org/10.1103/PhysRevE.81.026401. – DOI 10.1103/PhysRevE.81.026401

[257] BLAŽEVIĆ, A. ; SCHAUMANN, G. ; FRANK, A. ; HESSLING, T. ; PELKA, A. ; SCHOEKEL, A. ; SCHUMACHER, D. ; HOFFMANN, D. H. H. ; ROTH, M.: Multiframe Interferometry Diagnostic for Time and Space Resolved Free Electron Density Determination in Laser Heated Plasma. In: *Plasma Physics* (2010), S. 116–121

[258] QUINN, M. N. ; YUAN, HX. H. ; LIN, X. X. ; CARROLL, D. C. ; TRESCA, O. ; GRAY, R. J. ; COURTY, M. ; LI, C. ; LI, Y. T. ; BRENNER, C. M. ; ROBINSON, A. P. L. ; NEELY, D. ; ZIELBAUER, B. ; AURAND, B. ; FILS, J. ; KUEHL, T. ; MCKENNA, P.: Refluxing of fast electrons in solid targets irradiated by intense, picosecond laser pulses.pdf. In: *Plasma Phys., Control. Fusion* 53 (2011), Nr. 2. http://dx.doi.org/10.1088/0741-3335/53/2/025007. – DOI 10.1088/0741–3335/53/2/025007

[259] HARRES, K. ; ALBER, I. ; TAUSCHWITZ, A. ; BAGNOUD, V. ; DAIDO, H. ; GUENTHER, M. ; NUERNBERG, F. ; OTTEN, A. ; SCHOLLMEIER, M. ; SCHUETRUMPF, J. ; TAMPO, M. ; ROTH, M.: Beam collimation and transport of quasineutral laser-accelerated protons by a solenoid field. In: *Physics of Plasmas* 17 (2010), Nr. 2, 023107. http://dx.doi.org/10.1063/1.3299391. – DOI 10.1063/1.3299391

[260] JAECKEL, O. ; ROEDEL, C. ; KUSCHEL, S. ; AURAND, B. ; ELKIN, B. ; ZHAO, H. ; PAULUS, G.G. ; KUEHL, T. ; KALUZA, M.C.: *Radiation pressure acceleration of ions using circularly polarized light focused on ultrathin polymer foils* . September 2011

[261] GALVANAUSKAS, A. ; HARIHARAN, A. ; HARTER, D. ; ARBORE, M.A. ; FEJER, M. M.: High-energy femtosecond pulse amlification in a quasi-phase-matched parametric amplifier. In: *Optics Letters* 23 (1998), Februar, Nr. 3, 210–2. http://dx.doi.org/10.1364/OL.23.000210. – DOI 10.1364/OL.23.000210

Literaturverzeichnis

[262] ROSS, I.N. ; COLLIER, J.L. ; MATOUSEK, P. ; DANSON, C.N. ; NEELY, D. ; ALLOTT, R.M. ; PEPLER, D.A. ; HERNANDEZ-GOMEZ, C. ; OSVAY, K.: Generation of terawatt pulses by use of optical parametric chirped pulse amplification. In: *Appl. Opt.* 39 (2000), Mai, Nr. 15, 2422–7. http://dx.doi.org/10.1364/AO.39.002422. – DOI 10.1364/AO.39.002422

[263] BAGNOUD, V.: *Status Report on the new PHELIX OPCPA System.* Januar 2012. – GSI, internal Presentation

[264] AURAND, B. ; BAGNOUD, V. ; KÜHL, T: *ASE measurement Report at PHELIX*. Februar 2010. – internes Dokument

[265] DATENBLATT: TX SERIES LARGE AREA KD*P CELL (Hrsg.): *Gooche & Housego.* http://www.goochandhousego.com/sites/default/files/documents/TX%20GH%20v1108.pdf; Stand: 30.08.2011: Datenblatt: Tx series Large area KD*P Cell

[266] AURAND, B. ; EISENBARTH, U.: *ASE measurement Report at PHELIX II.* Oktober 2011. – internes Dokument

[267] ROBINSON, A.P.L. ; KWON, D.H. ; LANCASTER, K.: Hole-boring radiation pressure acceleration with two ion species. In: *Plasma Phys. Control. Fusion* 51 (2009). http://dx.doi.org/10.1088/0741-3335/51/9/095006. – DOI 10.1088/0741-3335/51/9/095006

i want morebooks!

Buy your books fast and straightforward online - at one of world's fastest growing online book stores! Environmentally sound due to Print-on-Demand technologies.

Buy your books online at
www.get-morebooks.com

Kaufen Sie Ihre Bücher schnell und unkompliziert online – auf einer der am schnellsten wachsenden Buchhandelsplattformen weltweit! Dank Print-On-Demand umwelt- und ressourcenschonend produziert.

Bücher schneller online kaufen
www.morebooks.de

VDM Verlagsservicegesellschaft mbH
Heinrich-Böcking-Str. 6-8   Telefon: +49 681 3720 174   info@vdm-vsg.de
D - 66121 Saarbrücken   Telefax: +49 681 3720 1749   www.vdm-vsg.de

Printed by Books on Demand GmbH, Norderstedt / Germany